Inhalt

SEQUENZ I
ALLES IST IM FLUSS

SEQUENZ II
MIT DEN FISCHEN SPRECHEN

SEQUENZ III
IHR AUFTRAG: AUFTRÄGE ANGELN!

SEQUENZ I
ALLES IST IM FLUSS

Wie man keine Aufträge angelt ....

Die meisten Auftragschancen gehen ungenutzt vorüber, wenn man unter einem Konferenztisch liegt und schläft. Selten kriegt man trotzdem noch die Kurve.

Wir schreiben den 14. August zweitausend-noch-was. Es ist 13.15 Uhr, der knallheiße Vormittag hat mir das Fell über die Ohren gezogen. Das Thermometer zeigt 33 Grad im Schatten, es wird weiter steigen, wenn man den Wettershowkaspern im Radio Glauben schenken darf. Man darf. Berliner Sommer sind auf besondere Art heiß; man wähnt sich in den Subtropen. Immer öfter klemme ich mir bei diesen körpereigenen Außentemperaturen einen Leitzordner hinter den Kopf und lege mich auf den eiskalten Parkettboden des Konferenzraums der Werbeagentur, für die ich seit geraumer Zeit Aufträge angle. Seit Tagen Termine, Erstgespräche und Beamer-Präsentationen des Agenturprofils. Meine Angelbriefe stoßen immer häufiger auf positive Resonanz. Wir fahren dann zu zweit oder zu dritt in die einladenden Unternehmen, um uns vorzustellen. Doch manche Geschäftsführer statten uns mit ihrem Gefolge einen Besuch in der Agentur ab und verbinden das gleich mit einem kleinen Rundgang durch die Räumlichkeiten. Man möchte die potenziellen Partner genauer in Augenschein nehmen. So auch diesmal.

Die Unternehmensspitze eines großen Energieversorgers hatte sich angesagt. Wir legten intern fest, diesen fünf Leuten unsererseits zu viert zu begegnen. Ich war einer von ihnen, denn ich hatte das Treffen eingefädelt. Im Konferenzraum, den die Sekretärin für diesen Termin schon hergerichtet hatte, wurden die beiden großen Tischquader zusammengeschoben, die üblichen Werbeagenturkekse von Lacroix dufteten aus einer Desingerschale und das besonders gute Porzellan stand bereit und wartete auf die Gäste. Ich schaute auf die Uhr, es war Zeit für meinen „Sekundenschlaf", zu dem ich mich mehr oder weniger regelmäßig um die gleiche Uhrzeit hinlege. Mein Platz dafür war stets unter einem Tisch. Meinem Tisch. Gut, ab und zu auch unter den Tischen anderer Räume, immer da, wo gerade Ruhe herrschte. Dieser spezielle Ort hat enorme Vorteile: Niemand vermutet einen hier, und deshalb sucht auch keiner dort. Die beiden zusammengeschobenen Tischquader, jeder um die dreieinhalb bis vier Quadratmeter groß, boten für meinen Konzentrationsschlaf einen ausgezeichneten Blickschutz. Egal, von welcher Seite man den Raum betrat: Selbst wenn ich ausgestreckt in der Mitte lag, (ausgestreckt liegen ist wichtig für die Blutzirkulation!) war ich nicht zu sehen. Da lag ich nun, den Leitzordner im Genick, und schloss die Augen. Wenn es je etwas wie „das böse Erwachen" gab, so an diesem frühen Nachmittag. Gemurmel und freundliches Begrüßungslachen drang an mein Ohr. Ich hörte im Unterbewusstsein, wie die Empfangssekretärin die Tür öffnete und herein spazierten sie: unsere Gäste für den 14-Uhr-Termin. Der Vorstand Marketing trug Rahmen genähte Schuhe (Budapester Schuhe, Kurfürstendamm), seine Marketing-Assistentin schob mir einen ihrer makellosen Pradas bis kurz vors Jochbein, der Rest trug die leichten Sommer-Slipper beliebter Schuh-Discounter. Also: zwei Hochkarätige und drei Super-Acht-Filmer (so nenne ich Leute, die in Meetings sitzen und kein Wort rausbringen). Der Geschäftsführer der Werbeagentur verhielt sich auffallend still. Man hatte mich offensichtlich seit knapp einer Stunde vergeblich gesucht, angerufen und anschließend verflucht. „Kommt Herr Remy denn auch noch?", fragte jetzt die nette Vorstands-Assistentin, mit der ich nach meinem erfolgreichen Angelbrief schon mehrmals telefoniert hatte. Nein, dachte ich so bei mir, Herr Remy kommt nicht mehr, er ist nämlich schon da. Ich möchte die Details der offiziellen Begründung für mein Fernbleiben an diesem wichtigen Nachmittag nicht ausbreiten. Der Geschäftsführer der Agentur gab sein Bestes, tatkräftig unterstützt vom Schweigen meiner Kollegen. Sie waren irritiert und fanden zu keiner Form. Es war meine Schuld. Hilflos betrachtete ich die Body-Language aus der Tiefsee-Perspektive. Überhaupt hatte ich einen fantastischen Überblick über die Motorik der menschlichen Gemütslage von der Taille abwärts. Ich weiß seither definitiv, dass Frauen eine erotische Beziehung zu ihrem Schuhwerk pflegen. Männern fehlt ganz sicher ein halbes Dutzend Gelenkknochen in den Füßen, um einen ähnlichen Prada-Striptease hinzulegen. Schade, eigentlich. Jedenfalls war mein Eindruck nach einer halben Stunde, dass man mich da oben schmerzlich vermisste. Der Gesprächsfluss war eher ein verlegenes Satz-Gedröppsel und ich wünschte mir so sehr, mit einem Bühnenaufzug einfach durch die Mitte des Konferenztisches emporzugleiten und auszurufen: „Hallo, wie geht's? Am besten fangen wir jetzt noch mal ganz von vorne an!" Illusionen. Man kann nicht einfach während einer Besprechung unter einem Konferenztisch hervorkrabbeln und sich an den Tisch setzen, als wäre nichts geschehen – obwohl....

Spätestens seit diesem Tag weiß ich, dass der Aufträgeangler für den weiteren Verlauf einer sich anbahnenden Geschäftsbeziehung eine absolut unentbehrliche Rolle spielt. Das gilt um so mehr für den Briefschreiber, dem es gelingt, mit seinen Worten beim Empfänger spontanes Interesse zu wecken. Das ist eine ungeheure Konzentrationsleistung, hinter der ein ausgefeiltes Geschick steht. Was im ersten Moment nach ranzigem Eigenlob klingt, birgt dennoch eine glasklare Erkenntnis: Die Person, die den Erstkontakt initiiert hat, bleibt für den zukünftigen Kunden der Anker im Geschäft. Man kann sich leicht ausmalen, wie mich meine Tischnummer seinerzeit innerlich zerriss. Das Treffen ohne den Briefschreiber blieb zunächst fruchtlos. Zwar wurden Nettigkeiten ausgetauscht, aber es fehlte „die Vorgeschichte", der

„Aufhänger", wenn man so will. Die Schlüsselbegriffe des „Sesam-öffne-Dich" hätte ich liefern können, aber wie, in dieser abgetauchten Situation? Der Vollständigkeit halber rücke ich auch mit dem Ende der Geschichte heraus: Ich habe alles gebeichtet. Dass der Marketingvorstand daraufhin in ungläubiges Staunen verfiel und erst nach einer Minute anfing, sich vor Lachen den Bauch zu halten, war mein verdammtes Glück. Inzwischen hatte man nämlich schon Vermutungen angestellt, dass ich nicht mehr für die Agentur tätig sei und die Geschäftsführung das zu vertuschen versuche. Das stimmte natürlich nicht. Mit dieser für mich total peinlichen Geschichte und dadurch, dass ich sie unumwunden eingestand, konnte der Reset-Button für ein zweites Gespräch gerade so noch mal gedrückt werden. Es funktionierte dann im weiteren Verlauf auch gut. Dass ich bei diesem Kunden fortan als Tischwitz gehandelt wurde, versteht sich von selbst: „Guten Tag, ich würde gerne Herrn Remy sprechen. Ist er da, oder ist er noch zu Tisch?"

Ha. Ha. Ha.

Wer Aufträge hat, der hat auch Kunden

Medienmeldungen über den „Ifo-Index" oder den „Indikator für den Auftragseingang der deutschen Industrie" klingen immer gleich. Mal mehr Aufträge, mal weniger. Doch die Dimension dieses Auftrags-"Eingangs" soll hier nicht das Thema sein. Und überhaupt: „Auftragseingang"? Stehen Aufträge am Eingang Ihres Unternehmens etwa Schlange? Bei den Allermeisten herrscht an dieser Stelle kein Gedränge. In unserer Zeit muss das Neugeschäft als beständige Kraftanstrengung betrachtet werden - und nicht nur betrachtet. Sie muss in unternehmerischen Erfolg umgesetzt werden, sonst zeigt der Umsatzdaumen schnell nach unten. Kurz: Es geht beim Aufträgeangeln um den Auf- und Ausbau der selbständigen Existenz.

Dieses Buch soll Unternehmer und Existenzgründer inspirieren. Ebenso die wachsende Zahl der Freiberufler und Freelancer sowie Manager kleinerer und mittelständischer Firmen, die für den Auftragseingang in ihren Unternehmen verantwortlich zeichnen. Aber auch der klassische „Verkäufer" kann mit diesem Buch etwas anfangen. Gerade für ihn haben sich die Zeiten gravierend verändert, denn der alte Frontverlauf „Verkäufer / Kunde" verliert seine scharfen Konturen. Neue Szenarien entstehen. Der Weg zum Auftrag (und somit zum Neukunden) wird immer seltener durch Verkaufs-Konfrontationen gekennzeichnet, sondern durch ein Geflecht kommunikativer Interaktionen. Ich möchte darüber hinaus jeden Selbständigen zum Eigen-PR-Enthusiasten ausbilden. Das klingt heroisch. Doch in einer Zeit technischer Riesenschritte, speziell in den digitalen Medien, öffnen sich für den Selbständigen neue Aktionsräume mit bemerkenswerten Potenzialen.

Aufträge angeln – das zählt zu den lebensnotwendigen Wachstumsaktivitäten kleiner und mittlerer Aktiengesellschaften, GmbHs, GbRs sowie der Freiberufler in diesem Land. Der oft zitierte Mittelstand, die KMU, erwirtschaften den Löwenanteil des Bruttoinlandsprodukts. Sie sorgen für Arbeits- und Ausbildungsplätze und für eine unternehmerische Prosperität, die den kommenden Gründergenerationen die Zuversicht vermitteln soll, dass sich der Weg in die Selbstständigkeit lohnt. Unsere Gesellschaft braucht eine florierende Unternehmensgründer- und Selbständigenkultur. Sie ist die Zentrifuge der Marktwirtschaft, in der seit Jahren die sozialversicherungspflichtigen Beschäftigungsverhältnisse abnehmen - von gelegentlichen Zwischenhochs einmal abgesehen. Für den Verlust an Arbeitsplätzen zeichnen weder die Mittelständler noch die Freiberufler verantwortlich, sondern größtenteils die Konzerne. Hier spielen Auftragseingänge nur eine untergeordnete Rolle, denn sie verdienen Geld mit Geld, und je mehr sie davon verdienen, um so mehr Arbeitsplätze bauen sie ab. Wenn die Aufträge zurückgehen, streicht man Stellen, wenn das Geschäft boomt, auch. Das macht gute Laune an der Börse und mit den Kursgewinnen sind die Dellen in der Auftragslage schnell wieder wettgemacht. Wenigstens auf dem Papier.

Uns werden in diesem Buch die viel zitierten „großen Rahmenbedingungen" der Wirtschaft überhaupt nicht kümmern. Dieser Ratgeber ist für den Alltag des kreativen Dienstleisters gedacht. Für alle, die in ihrer überschaubaren unternehmerischen Welt persönliche Erfolge in Form von neuen Aufträgen erzielen wollen – ganz gleich, wie die neueste Allerwelts-Nachricht zur Wirtschaftslage mal wieder lautet. Pessimismus? Nein, danke. Denn würden wir bei jeder negativen Meldung zusammenzucken und die von uns Deutschen oft leidenschaftlich betriebene „Hat-sowieso-alles-keinen-Zweck-Haltung" an den Tag legen, wäre kein Mensch mehr in der Lage, einen selbständigen Gedanken zu fassen – und genau das wollen wir als Selbständige vermeiden. Nur wenn man sich auf die eigene Situation konzentriert, seinen eigenen Gedanken nachgeht und sich daraus Spielräume für selbständiges Handeln schafft, wird man auch in der Lage sein, Aufträge an Land zu ziehen. Ich gebe in diesem Buch aus meinem eigenen Erfahrungsschatz ein kompaktes und ich hoffe, umsetzbares Wissen, weiter. Manches wird schneller abgehandelt, auf anderes gehe ich näher ein. Wo meine Kenntnisse die Strichmarke des Allgemeinwissens nicht überschreiten, wird der Leser das von mir erfahren. Das zähle ich übrigens nicht zu meinen „Schwächen", sondern zu den Stärken dieses Buches. Man kann nur etwas vermitteln, mit dem man selbst konfrontiert wurde. Alles andere würde einem Ratgeber nicht gerecht werden.

An Aufträge heranzukommen, sollte zwar sportlich betrachtet, aber in jedem Fall planmäßig betrieben werden. Es gibt, wie könnte es anders sein, eine Reihe von Fehlern, die nur darauf lauern, Ihnen die Lust an dieser tagesolympischen Disziplin zu vermiesen. Und diese Fehler begeht man meistens im Anfangsstadium. Da ist beispielsweise der weit verbreitete Glaube, dass „das Tagesgeschäft" Vorrang vor dem Neugeschäft habe. Frage: Wie kommt das Tagesgeschäft denn zustande, etwa nicht durch zuvor geangelte Aufträge? Also, bitte: Wer seine

Neugeschäftsplanung aus dieser Perspektive sieht, wird bald feststellen, dass Aufträge nicht wie Wasser aus dem Hahn kommen, den man nach Belieben auf- oder zudreht. Deshalb gilt die „stille" Tagesregel: Neugeschäft zählt zum Tagesgeschäft. Es ist keinesfalls das Ersatzrad für Auftragsmangel-Plattfüße. Und jetzt kommt die Entspannung: Neugeschäftsaktivitäten sind keine Ringkämpfe mit dem Zufall. Wenn man die Grundzüge erst einmal intus hat, wird das Erstkontakt-Briefeschreiben tatsächlich zum Sport. Es geht eben nicht ums „Abstrampeln" oder darum, jeden Tag zehn Briefe an Leute zu schreiben, die man noch nie im Leben gesehen hat. Sie werden auch keine Mittelohrentzündung von den hundertmal am Telefon gehörten „Nein, danke, benötigen wir nicht, wir sind gut versorgt" bekommen. Wer sich Aufträge angeln bislang so vorstellte, für den lohnt sich das Weiterlesen vielleicht wirklich. Noch eins, gleich zu Beginn: Dieses Buch ist kein „Powerkurs", nach dessen Lektüre Sie als Super-Verkäufer/in unter der Zimmerdecke schweben werden. Es geht hier nicht um vordergründiges „Verkaufen", es geht ums Aufträgeangeln. Der Unterschied:

Beim Verkaufen will man Dinge loswerden, beim Aufträgeangeln etwas hinzugewinnen.

Wir können heute Vermarktungsstrategien steuern, ohne dabei ständig auf das in industriellen Zeiten geprägte Konfrontationsmuster Verkäufer / Käufer zurückzugreifen. Die Auftragswelt ist in dieser Hinsicht komplexer und chancenreicher geworden. Vor allem beim „Verkauf" einer Dienstleistung, die man selten in die Hand nehmen und auf ihre mechanische Funktionstüchtigkeit überprüfen kann, spielen die Vorfeldaktivitäten die eigentlich entscheidende Rolle. Zu diesen Aktivitäten zähle ich unter anderem die Befähigung eines jeden Selbständigen, die Welt da draußen auf sich aufmerksam zu machen.

In diesem Zusammenhang ist es unglaublich, welche Entwicklung die Möglichkeit digitaler Selbstvermarktung genommen hat und in welch kurzen Intervallen dies geschieht. Sie wird von vielen

Existenzgründern und Selbständigen noch immer viel zu selten oder überhaupt nicht genutzt. Für die, die sich damit nicht befassen (wollen), ist es eine Welt fremd gesteuerter Entwicklungen, nur etwas für Eingeweihte, nichts für den eigenen Bedarf. Das ist natürlich Unsinn. Vielmehr ist eine für jeden zugängliche Nutzer-Realität entstanden, die in ihrer Konsequenz eine neue „Resonanz-Kultur" begründet. Damit meine ich in erster Linie die Möglichkeiten, die das Internet uns bietet. Eine neue „New Economy" wird es nicht mehr geben - sie ist schon da. Zwar unter leicht (und entscheidend) veränderten Vorzeichen, doch Sie werden staunen, was man alles selbst tun kann, um über das Internet mit potenziellen Auftraggebern ins Gespräch zu kommen. Wir leben im Zeitalter komfortabler und wirkungsvoller Möglichkeiten für die Selbstvermarktung. Ich nutze sie jeden Tag, beispielsweise für den Verkauf meiner Bücher. Die neue digitale Realität ist im Gegensatz zu vielen Varianten der alten „New Economy" real umsetzbar. Doch es soll nicht nur vom Internet die Rede sein, weiß Gott nicht. Aufträge angelt man auf vielen Ebenen. Der Erfolg selbst ist das Ergebnis eines immer dichter gewebten Netzes verschiedener Kommunikationsaktivitäten und der persönlichen Einstellungen gegenüber den neuen Möglichkeiten.

An dieser Stelle auch ein paar Worte zu meinem Weg: Als ich Marken-Etats und andere Aufträge für Werbeagenturen angelte, wurde mir klar, dass meine ideale Selbständigkeit die eines „Freien" ist. In dieser Rolle laufe ich zur Hochform auf, nicht als „Unternehmer" in dem Sinne, für die Gehälter von Mitarbeitern sorgen zu müssen, meine Freizeit mit Steuerberatern zu verbringen und zu begreifen, wie viel Geld für die Aufrechterhaltung einer Firma erst einmal verdient werden muss. Ich bewundere jeden Unternehmer, der jeden Monat seine Überweisungen bei seiner Bank durchkriegt, um Rechnungen und Gehälter zu zahlen. Ich habe hingegen als Texter, Konzeptioner und New-Business-Mann meine größten Erfolge verbucht, und als Kreativer in einem komplexen Mix verschiedener Herausforderungen und Erwartungen. Ich war gern und bewusst ein Mann der zweiten Reihe.

Ich war oft derjenige, der einem Team mehr oder weniger motivierter Leute gnadenlose Analysen ihrer erarbeiteten Konzepte liefern musste und auch lieferte. Ich konnte Gutes durch Besseres ersetzen, und umgekehrt wurde ich auch von so manchem Irrtum befreit. Überzeugungskraft ist auch die Kraft, das Bessere zu akzeptieren – auch wenn andere es beisteuern. Selbständig denken heißt auch, den eigenen Akzeptanzraum zu erweitern. Wie sonst wäre Lernen möglich?

Als Neugeschäftsexperte lernte ich nach und nach, wie man mittels akribisch durchdachter Taktiken mit den Fischen im Auftrags-Fluss Kontakt aufnimmt. Ich schaffte es, gemeinsam mit anderen, die scheuen Geschöpfe für mich zu interessieren, sie anzulocken. Und als der Tag kam, an dem die Aufträge an Land geholt werden sollten, stand ich in vorderster Linie, um in Wettbewerbs-Präsentationen den dicksten aller Fische an den Haken zu bekommen. Rückblickend denke ich manchmal, dass jeder Rückschlag dabei neue Energien in mir frei setzte. Es wäre eine mögliche, ja sogar schlüssige Erklärung für meine Erfolge auf diesem Gebiet. Über meine Misserfolge werde ich auch sprechen. Mit bis zu drei Präsentationen wöchentlich, geriet ich dabei an die Grenzen meiner geistigen und körperlichen Kräfte – das will ich hier nicht verschweigen. Und es waren nicht immer die „dicken Fische", die ich in meiner Funktion als Neugeschäfts-Stratege angelte. Da gab es eine ganze Menge kleinerer und mittlerer Kunden, die ich auf meine Art, Aufträge zu angeln, gewinnen konnte. Doch jeder Einzelne war vorher ausgespäht, gewollt und ins Visier genommen worden. Es ist die Königsdisziplin, und ich habe von einigen Koryphäen auf diesem Gebiet so Manches mit auf den Weg bekommen, wofür ich sehr dankbar bin.

Stimmungen, Schwingungen

Genug zu mir. Treten wir nun gemeinsam an das große Fenster eines Hauses, das irgendwo in einer schönen Landschaft steht. Es ist eine Landschaft, die zugleich Stadt und Land vereint, in der die Grenzen ländlicher und urbaner Gegensätze fließend ineinandergehen. Wir blicken hinaus und betrachten eine post-moderne Idylle, die beim genaueren Hinsehen eine sehr lebendige Welt offenbart. Eine Welt, in der sich nicht nur Menschen, sondern auch Perspektiven und Standpunkte ständig bewegen. Es ist eine sehr geschäftige Welt, die sich uns dort zeigt, in der die wesentlichen Dinge scheinbar lautlos und verborgen passieren. Eigenartigerweise ist sie schwarzweiß. Die Oberfläche verrät uns nicht viel vom eigentlichen Geschehen. Wir ahnen bloß, dass sich die Substanzen tief im Verborgenen befinden, und das, was wir sehen, nur schemenhafte Resultate bereits beschlossener Fakten sind. Wir möchten gerne teilnehmen an diesem Geschehen. Doch nicht als „Resultat" an der Oberfläche, sondern als Teil jener Substanz, die für Resultate sorgt, die wiederum die Fakten schaffen. Solange wir nur ahnen oder spekulieren, warum sich die Dinge von A nach B und von dort nach C bewegen, sind wir nur Teile der bewegten Oberfläche. Doch nur tief unter der Oberfläche, in den Substanzen, werden die Weichen gestellt und an ihr richten sich alle wirklich wichtigen Entscheidungen aus. Bevor wir das schwarzweiße und geräuscharme Oberflächenbild verlassen und Teil der Substanzen werden, sind wir gezwungen, Farbe zu bekennen. Es bleibt uns keine andere Wahl als die, Standpunkte, Haltungen, Referenzen und Angebote anzubieten. Ohne diese Quadriga stoßen wir nicht zu Substanziellem vor. Das verborgene Reich der Substanzen muss das Ziel eines jeden unternehmerisch tätigen Menschen sein. Hier befindet sich der Handelsplatz für Optionen und Zugewinne. Auf dieser Ebene treffen wir – auf engstem Raum und endlich auch „in Farbe" - unsere Chancen. Es ist der Ort der Entscheider und Entscheidungen. Es sind genau jene Menschen, die wir für uns gewinnen müssen, wenn wir geschäftlich erfolgreich und dabei selbständig bleiben wollen.

Gedanken des Anglers
am Ufer des Flusses

„Akquise" – das klingt erst einmal wie ein schlecht geöltes Scharnier. Ich benutze das Wort trotzdem, denn es gibt in unserer Sprache keinen anderen Begriff, sieht man von „Kundengewinnung" oder „Neugeschäft" einmal ab. Doch die meisten „machen" Akquise, die wenigsten angeln. Und Akquise machen die meisten erst dann, wenn es an Aufträgen mangelt und die Lage bedrohlich wird. Aufträge angeln unter Auftragsmangelschock und Kopf-Panik? Wenn Aufträge zwingend nötig sind, um das unternehmerische Überleben kurzfristig zu sichern, wurde der gravierende Fehler bereits gemacht: kein Konzept fürs Neugeschäft. Wer ist heute noch so verrückt, fragt man sich spontan. Erstaunlich viele, immer noch. Aufträge angeln – das ist Freude beim Gedanken an neue Kunden, aber nie eine Verzweiflungstat. Geschäft und Verzweiflung funktionieren nicht zusammen. Und so ist dieses Buch weder ein Reparatur-Manual für chronisch gewordene Schieflagen im Unternehmen, noch kann es Wunder bewirken, wenn zwei wichtige Voraussetzungen für die erfolgreiche Neugeschäfts-Strategie fehlen: Leidenschaft beim Aufträgeangeln und die Vorfreude auf den Erfolg dabei.

Der Angler, der mit dem Vorsatz angeln geht, nur die fetten Forellen aus dem Fluss zu holen, wird am Abend enttäuscht zurückkehren – mit nichts oder den berühmten kleinen Fischen, die ihn weder satt machen noch für die lange Wartezeit belohnen. „Angeln" bedeutet viel mehr: Zu wissen, dass dort draußen irgendwo die großen Hechte schwimmen, dass es Geduld und Ausdauer braucht, sie zu ködern, dass es in aller Stille und mit höchster Konzentration vor sich gehen muss. Fische sind erfahrene Zeitgenossen. Sie reagieren allergisch auf Lärm, abweisend auf dilettantische Köder, tolpatschige Rutenwerfer und auf viele Ungeschicklichkeiten mehr. Pfeilschnell ergreifen sie die Flucht. Wer je eine Forelle davonschießen sah, weiß, was ich meine.

Bleiben wir beim Bild des Anglers

Jeder Angler weiß: Den Fisch, den er aus dem Gewässer holt, hat zuvor jemand dort hineingetan. Es war einmal ein junger Fisch, und vielleicht ist dieser Fisch an der Angel der dritte, vierte oder zehnte Nachkomme jenes Fisches, den irgendjemand irgendwann einmal irgendwo aussetzte – vielleicht war es sogar dieser Angler selbst, der ihn nun an der Angel hat. So lautet die erste Anglerweisheit dieser Tage: Man holt nichts aus dem großen Gewässer, was nicht vorher genau dort hineingetan wurde. Es bedeutet nichts anderes, als dass man ständig junge Fische aussetzen sollte, wenn man später die großen im Netz nach Hause tragen will. Junge Fische werden größer und vermehren sich. Ihre Zahl und ihr Gewicht wächst und die Wahrscheinlichkeit, einen davon an den Haken zu bekommen, wächst mit. Theoretisch. Mit den jungen Fischen meine ich die eigenen Anstrengungen, die Freude am Angeln und die unbedingte Zuversicht, damit Erfolg zu haben. Das Beste, was der Angler zum Gelingen beitragen kann, ist die konzeptionell ausgereifte und pedantisch durchgeführte Vorbereitung. Man startet nie ohne ein Bild im Kopf von dem, was man erreichen will. Dieses Bild macht uns zu Aktiven und gibt uns Sicherheit bei allem, was wir tun. Ein gutes Stichwort: „aktiv". Jenseits der Abnutzung, die diesem Begriff täglich widerfährt, bleibe ich ihm treu. „Aktivität" ist nicht nur was fürs hohe Alter, für übergewichtige Jugendliche oder Schwerenöter. Sie ist eine Kopf-Ressource, die man klug und gezielt einsetzen sollte. Dazu später mehr.

Irgendwann werden auch die „dicken Fische" an Land gezogen. Das ahnen selbst die Fische, denn Angler gibt es viele. Auch Sie sind einer davon, einer von vielen. Das muss Ihnen klar sein. Und nun kommt das große „Aber": Diese Tatsache sollte Sie keineswegs davon abhalten, sich nach der Lektüre dieses Buches unverzüglich an einen Tisch zu setzen und auf einem Blatt Papier festzuhalten, was Sie in den kommenden drei Tagen in Richtung Akquise unternehmen wollen. Sie sind dabei nicht der Einzige. Vergessen Sie das nicht. Nun kommt das zweite „Aber": Sie haben gute Chancen es besser zu machen als viele, vielleicht sogar als die meisten anderen. Auch diese Überlegung sollte ihre schreibmotorischen Leistungen herausfordern: Setzen Sie sich wieder hin und schreiben Sie auf, warum Sie es besser machen könnten als die meisten. Schreiben Sie parallel Ihre Bedenken auf, warum Sie sich dümmer anstellen könnten als alle anderen. Schreiben Sie alles auf, tun Sie es: ehrlich.

Ich habe diese Gedankenschnipsel lange Zeit und in allen möglichen Situationen angefertigt und genutzt. Es ist eine Art Express-Inventur der hintersten Hirnregale. Ich ließ das Gekritzel einen Tag lang liegen und schaute es mir am nächsten Morgen bei einer Tasse Kaffee noch mal an. In mehr als achtzig von hundert Fällen lächelte ich über meine Verkrampfungen, schrulligen Befürchtungen, fehlende Selbstdistanz oder meine zeitweise recht ausgeprägte Vorliebe für „aufgespannte Schirme". Aufgespannte Schirme?

Man spannt den Schirm auf (auch wenn es nur bewölkt ist) und nimmt damit eine erhebliche Einschränkung des Gesichtskreises in Kauf. Meine Erfahrungen sagen mir heute: ‚Da werd' ich lieber nass!'. Mit anderen Worten: Man tut etwas, um dieses oder jenes Ungeschick zu vermeiden, doch irgendwann sieht man die Chancen nicht mehr. Vorsicht und Bedenken verengen den Ausblick und man begeht vermeidbare Fehler. Die möchte ich aber bitte offenen Auges tun, um am Ende zu wissen, was der Fehler war. Selbständig sein unter einem Schirm schützt nicht vor Fehlern. Wie könnte die Alternative lauten? Dass die Fische von selbst in den Korb springen, ist unwahrscheinlich. Trotzdem gibt es seltsame Dynamiken auf dem Gebiet des Aufträgeangelns: Je mehr Fische im Korb liegen, desto mehr kommen hinzu. Auf gut berlinerisch: „Der Teufel scheißt immer auf den größten Haufen". Doch bevor sich der Auftragskorb füllt, müssen die Fische erst mal anbeißen.

Wie machen's die andern?
Vor allem so: „Pssst!"

Wie es die anderen machen, um an Aufträge heranzukommen, erfährt man selten. Durch die eine oder andere Erzählung aus zweiter oder dritter Hand tauchen hier und da ein paar Details auf, die vage darauf schließen lassen, wie „er" oder „sie" an diesen oder jenen Auftrag kam; doch im Großen und Ganzen weiß man: nichts Genaues. Meine Erfahrungen auf diesem Gebiet sagen mir, dass niemand gerne über seine Neugeschäfts-Strategien spricht, schon gar nicht über den tatsächlichen Ablauf der Akquise-Vorgeschichte des Projekts „YX". Das wundert mich auch nicht weiter, denn wer offen über diese Geheimnisse redet und das womöglich während der Angelphase, setzt viel aufs Spiel. Doch es gibt solche Plappermäulchen; sie reden sich und ihre Firma um Kopf und Kragen. Kluge Menschen sprechen nicht darüber, wenn sie gerade dabei sind, Aufträge zu angeln. Wem nutzt es denn, außer denen, die den Auftrag auch gerne hätten? Erfahrene Angler werden ihre Köder-Rezepturen nicht verraten. Es gibt sogar darunter welche, die teilen es anderen noch nicht einmal mit, dass sie beim Angeln erfolgreich waren. Das finde ich wiederum übertrieben. Über Erfolge im Neugeschäft sollte man reden und andere schreiben lassen. Das lockt neue Fische an. Wer gute PR verschmäht, kann nicht genießen. Doch leidenschaftliche Angler sind Genießer. Sie wissen, dass eine gute Nachricht neue Fische aussetzt, die man später fängt und im Netz nach Hause trägt. Teilen Sie es der Öffentlichkeit bitte mit, wenn sie einen Kunden geangelt haben. Es spielt dabei keine Rolle, wie „groß" oder bedeutend dieser Kunde ist. Wir alle wissen: Größe ist relativ, passen muss es. Wenn beispielsweise eine Internetagentur den renommiertesten Frisör in der Stadt als Kunde gewinnt, ist das eine tolle Nachricht. Sie muss kommuniziert werden. Warum? Ganz einfach: Wer das größte Kommunikationszentrum einer Stadt, als Kunde gewinnt, ist bald selbst in aller Munde. Ganz im Ernst: Jede gute Nachricht auf dem Gebiet der Neukundengewinnung verdient zumindest einen Zehn-

zeiler als Pressemitteilung. Gerade Existenzgründer sowie kleine und mittlere Unternehmen auf dem Land sollten die dort noch hohen Beachtungswerte für lokale Medien (meistens der lokale Wirtschaftsteil der regionalen Tageszeitung) nutzen und durch regelmäßige Pressemitteilungen an den Redaktionsleiter glänzen. Spätestens nach der fünften Pressemitteilung, die Sie ihm schicken, sollten Sie auch zum Telefon greifen und ihn anrufen. Sie werden überrascht sein, wie erfreut man am anderen Ende der Leitung ist. Pressearbeit auf regionaler Ebene ist ein echter Heimvorteil. Was nun die notorische Verschwiegenheit während des Aufträgeangelns betrifft, kann ich den „Schweigern" nur recht geben. Ohne Wenn und Aber gilt diese eiserne Regel:

Reden Sie nie - wirklich nie - über Ihre laufenden Projekte im Neugeschäft!

Ich habe in dieser Beziehung schon Dinge erlebt, die unglaublich sind. Sobald irgendwo, und sei es am Tresen einer Cocktailbar, das Wort „Akquise" fällt, werden im Umkreis von zehn Metern alle Ohren gespitzt. Glauben Sie bitte keine Sekunde, dass dieses Thema an solchen Orten keinen interessiert. Wir sind inzwischen alle Angler, auf die eine oder andere Art, und jeder will wissen, wie die anderen das machen, Aufträge angeln. Auch nur schemenhafte Informationen sind heiß begehrt: wer sucht in welchem Netzwerk gerade Partner, wer hat konkrete Aufträge zu vergeben, wer trägt sich mit dem Gedanken dazu, wer ist mit wem gerade im Gespräch oder befindet sich im Wettbewerb um einen Auftrag. Namen, Zeitpunkte und Orte sind eine heiße und begehrte Informationsware. All das fällt schnell in einem unbedachten Moment im Gespräch mit Freunden am Tresen, in der U-Bahn, im Restaurant, auf Partys oder sonst wo. Üben Sie Disziplin, denn viel hängt davon ab, wie gut Sie in dieser entscheidenden Phase schweigen können. Im Zweifelsfall kann es um die Existenz Ihres Unternehmens gehen. Wenn jemand fragt, wie die Geschäfte laufen, ist der nächstbeste Allgemeinplatz die klügste Antwort. Wenn jemand Sie gar nach konkreten Neugeschäftsaktivitäten fragt, salopp so nebenbei, wie diese

Fragen oft daherkommen, weichen Sie noch bewusster aus, egal wie. Vergessen Sie niemals, dass jedes Wort zuviel Sie den Neukunden kosten kann.

Damit keine Missverständnisse entstehen: Ich rufe hier niemanden auf, paranoide Züge zu entwickeln. Ich sage nur, dass Sie mit den Informationen über Ihre Auftragslage äußerst vorsichtig umgehen sollten, und das bedeutet in der Praxis: stets zu schweigen. Ich erwähnte schon, dass ich in dieser Hinsicht unglaubliche „Zufälle" erlebt habe, einen davon will ich einmal schildern, denn er veranschaulicht drastisch den absoluten Vorrang der Schweige-Regel vor allen Gelüsten, mit guten Nachrichten vor der Zeit glänzen zu wollen. Ohnehin sind die meisten guten Nachrichten auf diesem Gebiet zum Zeitpunkt ihrer „internen" Bekanntgabe noch gar nicht spruchreif. Da wird schnell etwas angedeutet, vor lauter Freude über den „Fast-schon-an-der-Angel-Fisch", und schon passiert's: Man plaudert. Doch ein „fast" vor dem Abschluss stehender Deal ist noch keiner. Nun zu einem „Zufall", der drei Leuten eine Stange Geld kostete.

Happy Hour ohne Happy End

Ein kluger Mann macht nicht alle Fehler selbst. Er gibt auch anderen eine Chance.
Winston Churchill, 1874-1965, Literaturnobelpreisträger

Drei Freunde treffen sich in einer Berliner Bar: ein freier Werbetexter, der Inhaber einer Softwarefirma und der Dritte hatte gerade sein Betriebswirtschaftsstudium beendet und war auf Jobsuche. Diese drei kannten sich schon seit Jahren, trafen sich mehr oder weniger regelmäßig in ihrer Freizeit, meistens abends, wo sie in schicken Lokalitäten genüsslich ihre Cocktails zu sich nahmen. Der Inhaber der Bar kannte sie inzwischen, sie waren Stammgäste. An einem der herrlichen Berliner Sommerabende saßen sie um zwanzig Uhr zur „Happy Hour" bei 27 Grad draußen unter der Markise und jeder hatte einen hitzigen Geschäftstag hinter sich. Rasch entspann sich eines dieser typischen Gespräche, bei denen es sich um berufliche Dinge handelt. Der Texter erzählte von einem Kunden aus der Immobilienbranche, der ihn wegen einer Imagebroschüre schon länger auf Trab hielt. Der nagelneue Betriebswirt hatte seine Bewerbungsmappe dabei und suchte beim Texter Rat, ob er damit bei den Personalchefs Eindruck schinden könne. Der Softwareunternehmer rekapitulierte seinen Tag und sah dabei nicht sehr glücklich aus.

Inzwischen hatte der Chef der Bar an einem Nachbartisch Platz genommen. Ihm gegenüber saß ein schmächtiges Kerlchen, schwarz gekleidet, mit einer Fielmannbrille bewaffnet, und breitete seinen Mappeninhalt auf dem Tisch aus. Es waren die Entwürfe der neuen Barkarte, die nun vom Barbetreiber pedantisch unter die Lupe genommen wurden. Die drei bemerkten den Vorgang nur am Rande, schließlich war man inzwischen in ein Gespräch vertieft, das ihre Konzentration voll in Anspruch nahm: Wie kriegt man in diesen unberechenbaren Zeiten einen Job und wie angelt man sich Aufträge? Der Betriebswirt war zuversichtlich, was seine Einstiegschancen anging. Der Texter machte ihm Mut, meinte aber, dass die Gehälter und Honorare ziemlich in den Keller gerutscht wären. Hauptsache reinkommen, meinte da der Betriebswirt, und da konnte der Softwareunternehmer nur zustimmend nicken. Der hatte einen besonders Nerven aufreibenden Tag hinter sich, denn sein Hauptkunde hatte ihm angedeutet, dass er den Servicevertrag mit ihm nicht mehr verlängern werde, sondern zukünftig per Einzelbeauftragung mit ihm abrechnen wolle. Das war ein Schlag ins Kontor, denn der Servicevertrag für 120 Rechner, das Netzwerk und die technische Pflege des Internetauftritts war als sicherer Posten im Monatsumsatz kalkuliert. Er hatte lange darum gekämpft – verständlich, dass ihn diese Nachricht zunächst kalt erwischte und ihm an die Nieren ging. Nachdem unser Softwareunternehmer diesen Schock während der Mittagspause einigermaßen verdaut hatte, sprach er seinen besten Kunden noch einmal darauf an. Ob er es sich nicht noch mal überlegen wolle, fragte er ihn, und gleichzeitig hakte er nach, warum die schon sicher geglaubte Vertragsverlängerung geplatzt war. Sein Kunde gab ihm daraufhin zu verstehen, dass auch bei ihm die Geschäfte nicht mehr so wahnsinnig gut liefen und er Einsparpotenziale suchen müsse. Das ließ der Softwareunternehmer nicht auf sich sitzen. Ausgerechnet er ein Einsparpotenzial? Der Vorwurf, dass hier wohl am falschen Ende gespart werde, zeigte Wirkung, sein Kunde kam ins Grübeln. Daraufhin setzte der Softwareunternehmer noch eins drauf. Er empfahl seinem langjährigen Geschäftspartner, doch endlich mal ein Marketingkonzept für sein Unternehmen auszuarbeiten. Es fehlte praktisch an allem: Broschüren, ein Corporate Design, ein anständiger Messestand, eine moderne, aussagekräftige Homepage und einiges mehr. Das saß, und der Chef von 120 Rechnern sowie 100 Mitarbeitern hatte ein Einsehen. Bislang war keine Werbung nötig, wie er meinte, denn sein Geschäft lief „von selbst". Doch diese Zeiten waren längst vorbei. An seinen Geschäftspartner gewandt, fragte er, ob er denn fürs Marketing jemanden wisse. Ja, meinte der Softwarelieferant spontan, er kenne da einen erfahrenen Texter und einen jungen Betriebswirt, und mit diesen beiden würde er etwas Vernünftiges auf die Beine stellen können. Und es war wirklich höchste Zeit für ein Corporate Design, diverse Folder, eine Imagebroschüre mit erstklassigen Werbetexten sowie einen Messestand, der seinen Namen auch verdient. Von einem budgetierten Marketingkonzept einmal ganz zu schweigen. Immerhin zählte das Unternehmen zu den größten Personaldienstleistern im Land. Übrigens, ein wirklich typisches Beispiel für florierende Unternehmen, die sich nie ernsthaft mit einer Corporate Identity beschäftigen, keine Imagebroschüre besitzen, sondern mit hastig konzipierten Foldern und einem offensichtlich sehr erfolgreichen Tele-Marketing ihre Umsätze steigern. Das trifft man oft: werblich aufs Knappste ausgestattet und dennoch sehr erfolgreich. Besteht etwa doch ein Nicht-Zusammenhang zwischen wirtschaftlichem Erfolg und Werbung? ;-) Vielleicht, doch dieses Erfolgsszenario ist ein Auslaufmodell.

Zurück zu unserem Trio am Happy-Hour-Tisch unter der Markise einer Cocktailbar. Inzwischen hatte der Softwareunternehmer seinen Freunden das Angebot seines Kunden unterbreitet. Die beiden waren hoch erfreut, besonders natürlich der frisch gebackene Betriebswirt, der die Chance sah, sein Wissen endlich einmal in die Praxis umzusetzen. Es wurde noch viel geredet an diesem Abend, und man trennte sich weit nach Mitternacht und in aufgeräumter Stimmung, nicht ohne die Übereinkunft, sich am kommenden Montag telefonisch noch einmal absprechen zu wollen. Jetzt war erst mal Wochenende.

Um es kurz zu machen: Alle drei tauchten als Verlierer des Abends in der neuen Woche wieder auf. Der Grafiker am Nebentisch, der dem Barchef seine Entwürfe für die Getränkekarte gezeigt hatte, stellte sich als aufmerksamer Zuhörer heraus. Er rief den Kunden des Softwareunternehmers, die Personalagentur, bereits am Montagmorgen an und erzählte dem Chef am Telefon, er habe gehört...und stand noch am selben Nachmittag in dessen Büro. Nicht nur hatte er dem Texter zahlreiche Jobs vor der Nase weggeschnappt und den Betriebswirt völlig aus der Sache herausgekippt, nein, er ging sogar soweit, dem Chef der Personal-Leasingagentur die Vertragsverlängerung mit dem Softwarehändler wieder auszureden, da er sich auch noch betriebswirtschaftliche Kenntnisse anmaßte und dem Geschäftsführer saloppe Ratschläge fürs Einsparen steckte. Natürlich kam das alles raus, doch was nützte es noch? Das Reaktionsspektrum bleibt denkbar schmal in einer Situation wie dieser. Was hätten die drei tun sollen? Zwei von ihnen kannte der Chef der Personalagentur gar nicht, und sein Kunde, der Softwarehändler und Netzwerkpfleger, kann sich auch nicht beleidigt zurückziehen oder gar seinen Kunden beschimpfen. Totalausfall nennt man so etwas.

Ich habe hier eine relativ harmlose Variante des Auftrags-Klaus beschrieben. Auf die noch viel hässlicheren Dinge, die mir ebenfalls untergekommen sind, möchte ich mich hier nicht weiter einlassen, es bringt nichts. Es soll jedoch deutlich werden, dass das Aufträgeangeln auf allen Ebenen ein sehr heikler Prozess ist. Es berührt den Kern der eigenen Persönlichkeit sehr stark. Denn nirgendwo sonst im beruflichen Alltag leidet oder triumphiert unser Selbstwertgefühl mehr als genau hier. Es geht nicht um den rein zahlenmäßigen Erfolg oder Misserfolg. Unsere berufliche Existenz hängt nun einmal davon ab, andere Menschen von uns selbst und von dem, was wir leisten können, zu überzeugen. Wir geben alles, erhalten viel oder zu wenig und dennoch läuft das Rad der Neugeschäfts-Geschichte weiter. Mit Misserfolgen umzugehen ist das eine. Die Gründe dafür zu verdauen, das andere. Die verpatzte Chance wird als erneute Gelegenheit so nicht wiederkehren, nicht bei derselben Adresse. Nach Enttäuschungen nicht nur dieser Art, heißt es weitermachen, nicht einknicken und vor allem: daraus lernen und Konsequenzen ziehen.

„Geben" und „Wollen" - Der gute Angler kennt den Unterschied

Es gibt in jedem von uns etwas, das sich anderen mitteilen möchte. Es ist ein grundlegendes Bedürfnis des Menschen, sich anderen Menschen anzuvertrauen, ihnen etwas über uns zu erzählen und ihnen Einblicke in unser Inneres zu gewähren. Wir tun es in der Hoffnung auf Resonanz. In der Reaktion Dritter erhoffen wir uns Aufschluss über uns selbst, im Grunde suchen wir eine „objektive" Bewertung unseres Tuns. Das ist die Triebfeder für unser Werben um die Aufmerksamkeit der anderen. Wenn wir das erkennen und akzeptieren, werden wir beim Aufträgeangeln viel entspannter vorgehen. Denn es schließt die Befähigung mit ein, sich in die Lage des anderen hinein versetzen zu können. Doch bevor wir Signale zurück erhalten, müssen wir zuvor selbst welche geben. Die Realität sieht an dieser Stelle oft ganz anders aus. Einige Selbständige verwechseln „wollen" mit „aktiv sein". Sie erwarten, dass sich die Dinge „schon regeln", dass Aufträge „früher oder später reinkommen" und „es irgendwie weitergeht". Diese passive Einstellung hat sich in den vergangenen Rezessionsjahren besonders prächtig entwickelt, und sie ist fatal. Gleichzeitig werden unrealistische Erwartungen gehegt: Irgendwann werde man über einen lohnenden Auftrag stolpern. Die Rechnung geht nur zu selten auf. Gerade in Zeiten, die vom Verdrängungswettbewerb geprägt sind, ist es wichtig, der potenziellen Kundenwelt konkrete Angebote zu unterbreiten, ihr mitzuteilen, wer man ist und was man leistet. Das ist der erste Dienst an der Dienstleistung selbst: sie zu erklären und ihren nachhaltigen Nutzen hervorzuheben. Dienstleister, die an dieser Schwelle schwächeln, werden vom Markt eher früher als später ausgemustert. Hier zeigt sich auch der erfahrene Angler: Beißfreude bei Fischen entsteht, wenn man etwas anbietet, und nicht, wenn man sie nur „haben" will. Nicht das Warten auf Gelegenheiten füllt die Reuse, sondern das bewusst inszenierte Spiel von Geben und Nehmen, Locken und Reizen. Der weitaus spannendere (und wichtigere) Teil des Aufträgeangelns ist somit nicht der Augenblick, wenn der Fisch anbeißt, sondern die Zeitspanne davor: wenn der Fang vorbereitet, das eigene „Angebot" als Köder zusammengestellt wird. Dieser entscheidende Aspekt des Neugeschäfts wird in den nachfolgenden Beiträgen ausgeleuchtet.

Szenenwechsel

Doch zunächst zu einer Frage, die erstaunlicherweise immer mehr an Faszination gewinnt. Erstaunlich deshalb, da ich sie selbst nie als eine entscheidende Frage betrachtet habe, sondern es als selbstverständlich erachtete, dass der angeblich überall tobende Geschlechterkampf spätestens dann enden sollte, wenn es darum geht, an einem Strick zu ziehen. Doch selbst vom Strick scheinen Männer und Frauen verschiedene Vorstellungen zu haben – doch nicht immer, und das ist beruhigend.

Mann oder Frau:
Wer ist besser beim Aufträgeangeln?

*Wenn ein Mann zurückweicht, weicht er zurück. Eine Frau weicht nur
zurück, um besser Anlauf nehmen zu können.*

Zsa Zsa Gabor, *1917 (?), ungarisch-amerikanische Schauspielerin

Beginnen wir mit Klischees: ‚Männer arbeiten direkter entlang der Zielstrecke, Frauen folgen einem ornamentierten Weg zum Ziel'. Wenn
dem so ist, hat beides, wie man sich denken kann, seine Vor- und
Nachteile. Es gibt nach meinen Erfahrungen tatsächlich maskuline und
feminine Ansätze, um an Aufträge heranzukommen, und beide sind es
wert, näher betrachtet zu werden. Wenn ich dem zustimme, dass Männer „direkter an der Zielstrecke entlang arbeiten", und Frauen einem
„ornamentierten" Streckennetz dabei folgen, bedeutet das nicht, dass
Frauen nicht rasch genug auf den Punkt kommen. Im Gegenteil. Sie
kommen gleich auf mehrere. Frauen sind beim Aufträgeangeln zielstre-
bige Faktensammler. Besonders, wenn die entscheidende Phase erreicht
wird, wenn sie, um es klar zu sagen, „Blut riechen". Männer verankern
ihr Tun am direkten (und einzigen) Weg; sie sind davon überzeugt,
dass Geradlinigkeit und das „Zug-um-Zug-Verfahren" ihren professionellen Charakter am besten reflektiert. Während Frauen Netzdenker
sind, haben Männer stets einen Punkt vor Augen, sie sind Konzentri-
ker. So wurden wir trainiert, (Soziologen sagen: „konditioniert") und
so erwartet man es von uns. Dabei haben Männer für das feminine
„Streckennetz" durchaus eine Menge übrig, nur trauen wir uns nicht
so richtig. Wir haben noch immer Angst, gerade gegenüber anderen
Männern, in geschäftlichen Dingen als untypisch für einen „Geschäftsmann" zu gelten. Wohl gemerkt: „Geschäftsmann". Männer teilen
sich auf in den „privaten Mann" und den „Geschäftsmann". Das tun
Frauen auf sich bezogen in einem weitaus geringeren Umfang. Männer hängen am althergebrachten Fassaden-Management, als handle
es sich dabei um ihre letzte Unterhose. „Nein, die behalt' ich aber an!"
Alles, was die Emotionen im Geschäftsleben berührt oder auch nur

berühren könnte, verunsichert sie zutiefst. Emotionen im Umgang mit den Geschäftspartnern? Das irritiert. Frauen tauen an dieser Stelle richtig auf, so mein Eindruck. Sie lassen eine „Ablehnung" nicht so schnell auf sich sitzen, sie haken nach, versuchen umzustimmen, operieren plötzlich mit einer neuen Akzeptanzstrategie. Viele Männer nehmen eine sachliche Ablehnung hin und am Ende nicht selten persönlich. Potenzkränkung? Ein Verhaltensmuster, das viele Varianten des männlichen Kommunikationstalents im Schatten belässt. Schade, denn wir leben in einer Zeit, die den weiblichen Charaktereigenschaften immer öfter den Vorzug gibt. So auch beim Neugeschäft, wo alte „Entweder-Oder-Mechanismen" ausgedient haben. Das „Netz" bestimmt mehr und mehr die Interaktion. Es ist nicht mehr nur ein Zentrum, das die Impulse gibt. Wer heute auch nur in die Nähe eines lukrativen Auftrags gelangen möchte, muss wissen, dass das Ausschließlichkeitsprinzip zur Killerformel und damit unversehens zum eigenen Nachteil mutieren kann. Wir müssen uns darüber im Klaren sein, dass in einer Welt der Arbeitsteilung und komplexer Umsetzungsmodalitäten es sehr wahrscheinlich ein „Pool" sein wird, der sich die Arbeit teilt. So werden beispielsweise große Werbe-Etats längst gesplittet: es gibt Kreativagenturen, Media-Agenturen, Web-Agenturen und für Promotions-Aktivitäten sitzt eine weitere Agentur mit im Boot. War es vor zehn, fünfzehn Jahren normal, der Werbeagentur auch den PR-Etat anzuvertrauen, wenn diese Leistung mit angeboten wurde, so sind Werbung und PR heute zwei völlig eigenständig operierende Disziplinen. Selten kommt ein Unternehmen auf die Idee, dafür ein und denselben Partner zu engagieren. Die fortschreitende Diversifizierung innerhalb der Public Relations sorgt inzwischen dafür, dass sich politiknahe PR-Agenturen dem „Political Engeneering" widmen, einer oft im Verborgenen arbeitenden Kontaktpflegedisziplin, die sich über Lobbying ihren Ziel- und Mittlergruppen nähert und politisch enorm an Einfluss gewinnt. Der Spezialisierungsgrad innerhalb der Kommunikationsdisziplinen schreitet weiter fort. Diese Entwicklung ist auch in anderen Dienstleistungsbereichen zu beobachten. Kein Wunder, denn die Kommunikationsfähigkeiten des Menschen werden inzwischen im Fünfjahresrhythmus vor völlig veränderte Anforderungskulissen gestellt. Für viele dieser neuen Herausforderungen sind Frauen besser gewappnet – ein Ergebnis auch ihrer Unvoreingenommenheit, die wiederum das Resultat der vorangegangenen Ausgrenzung aus dem Berufsleben ist. Sie ist „die Neue" und „das Neue" zugleich. Frauen sind ausgestattet mit einem anderen Blick für die Dinge. Sie würden einen Fehler begehen, wenn sie sich den Strukturen und Gepflogenheiten, Gewohnheiten und Trampelpfaden der Männerwelt unreflektiert anpassten. Denn wenn die berufliche Emanzipation der Frauen in Führungspositionen einen Sinn und Gewinn für alle hat, dann den: neue Perspektiven als gangbare Alternativen im geschäftlichen Alltag zu etablieren. Vieles ist im Tradierten steckengeblieben und harrt der Neuinterpretation. Die Herausforderungen der sogenannten Wissensgesellschaft richten sich ja nicht nur an eines der beiden Geschlechter; das taten sie übrigens nie.

Zurück zu „Mann und Frau" beim Aufträgeangeln. Wieso spielt hier das Geschlechterschema eine bedeutende Rolle? Ich will es auf den Punkt bringen: Die Talente und oft kolportierten Charaktereigenschaften der Frau, (deren Klischeecharakter ich hier nicht reflektieren möchte), kommen den modernen Entwicklungen in unserer Kommunikations-Ökonomie sehr viel mehr entgegen als denen des Mannes. Beispielsweise die aus meiner Sicht typisch weibliche Findigkeit, wenn es darum geht, einem ins Stottern geratenen Gesprächsmotor wieder sanfte Töne zu entlocken. Komplexität, Geduld und intuitive Flexibilität bestimmen das Bild heutiger Geschäftsbeziehungen. Entscheidungen können sehr schnell fallen, von „jetzt auf gestern" sozusagen. Oder sie ziehen sich wochen- und monatelang hin. Einen verlässlichen Zeitfahrplan bei der Entscheidungsfindung scheint es immer seltener zu geben, das berühmte „Mittelding" wird zur Ausnahmeerscheinung. Auch in diesem Zusammenhang ist meine frühere Bemerkung zu sehen, dass ein „fast" perfekter Deal eben noch kein abgeschlossener ist. Oft wird die schon sicher geglaubte Auftragserteilung noch einmal überdacht, in einem neu besetzten Gremium erneut besprochen, bis dann am Ende die Entscheidung fällt. Und sie kann zur Überraschung aller „zurecht" Hoffenden negativ ausfallen. Wir alle kennen diese Situation. Man war sich hundertprozentig sicher den Auftrag zu bekommen, hatte unendlich viel Mühe und Begeisterung in die Vorbereitung investiert, und dann das. Die Zahl der tatsächlichen Entscheidungsträger in einem Unternehmen wächst mit der Größe des Unternehmens selbst. Aber auch das ist keine todsichere Formel mehr. In kleinen Unternehmen werden plötzlich Menschen zu Entscheidungsträgern, die bislang „nur" fürs Abheften von Lieferscheinen zuständig waren. Die deutsche Entscheiderkrankheit, im Zweifelsfalle nichts oder nur halbwegs zu entscheiden, wird öfter mal durch das beherzte Urteil der Vorzimmersekretärin geheilt. Eine Groteske, der ich zigmal begegnet bin. Unser direkter Einfluss auf die Entscheidung nimmt rapide ab, je länger ein Entscheidungsprozess dauert. Mein Erfahrungswert dahin gehend lautet ganz schlicht: Wenn die Entscheidung nicht innerhalb einer Woche fällt, bedeutet es für den wartenden Part in aller Regel nichts Gutes. Das Warten wird zur Fehlerquelle für den Wartenden. Und hier meine ich, ticken Frauen erneut anders als Männer. Sie können sich in die Gemengelage der Entscheidungsträgergedanken hinein versetzen, lassen der Sache eher Zeit zum Reifen und werden nicht so rasch nervös. Es steht nicht im Einklang mit den Jagdreflexen des Mannes, wenn er den zappelnden Fisch nicht sofort aus dem Wasser ziehen kann. Beim Aufträgeangeln neigen Männer dazu, „der Sache auf den Grund zu gehen", wenn nach ein paar Tagen keine Nachricht eingetroffen ist. Das kann auf der anderen Seite als Drängeln ausgelegt werden. Schon während des Angelns wird oft zu früh die Schnur gezogen. Männer, die andere Männer drängeln: ganz schlecht! Frauen haben in dieser Situation mehr Geduld - Männer beginnen dann lieber zu „leiden". Übrigens: Ich zähle mich nicht zu den Trendschmeichlern, die ihre Geschlechtsgenossen madig machen, nur um beim weiblichen Geschlecht besser dazustehen. Es geht nur um ein Stück Ehrlichkeit.

Wenn ich die Gesamtentwicklung einer Neugeschäftsanbahnung in drei Phasen unterteilen sollte, dann spielen Frauen gerade in der mittleren Entwicklungsphase eine entscheidende Rolle. Dort kommt es darauf an, Vertrauen zu generieren und sich als verlässlicher, zukünftiger Partner darzustellen. In der ersten Teilphase des Neugeschäfts, wo strategisch-organisatorische Startbedingungen fürs Neugeschäft geschaffen werden, sind männliche Intuitionen gefordert – es ist die Zeit der Jagdvorbereitungen. Im dritten Teil des Aktionsplans, in dem zeitlich gesehen der Tag liegt, an dem der Fisch anbeißen und man ihn sicher an Land ziehen soll, spielen beide Geschlechter ihre Rolle in einer kongenialen Wechselbeziehung. Es sollte einstudiert werden, um dem Auditorium ein wirkliches Wechselbad der Gefühle und Eindrücke abzuliefern. Das gemischte Doppel hat sich gerade bei Präsentationen oft als Vorteil erwiesen. Es verhindert unter anderem die Verfestigung von Sympathie- und Antipathiehaltungen. Besonders überraschten mich Frauen während Präsentationen mit ihren taktischen Fähigkeiten. Man könnte es auch „Finessen" nennen, etwas, das rein männlichen Gesprächsrunden oft abgeht und ihnen damit einen eindimensionalen Charakter verleiht. Da gibt es noch die „Einhorn-Erfahrung": das Frauendoppel. Frauen gehen gemeinsam äußerst zielstrebig vor – sicher auch ein Ergebnis einer leider noch immer weit verbreiteten Unterschätzung im Berufsalltag. Schon der Auftritt eines Frauen-Doppels vor einem mehrheitlich männlichen Publikum verursacht auch heute noch gesteigerte Aufmerksamkeitswerte – warum, das kann ich leider nicht abschließend beantworten. Vermutlich stellt diese Formation im Gefüge der tradierten Vortragssituationen eine Zäsur dar, für die es im Geschäftsleben noch relativ wenig Erfahrungswerte gibt. Es scheint noch immer so: In den Köpfen der Männer sind andere Männer als „die Konkurrenten" abgespeichert. Daraus schlagen Frauen, durchaus bewusst, Kapital. In Wettbewerbssituationen von Dienstleistern untereinander sah ich schon ganze Bataillone männlicher Experten den Kürzeren ziehen, wenn sie gegen ein Frauen-Doppel antreten mussten.

Noch einmal zurück zum gemischten Doppel. Schon zu Beginn einer Geschäftsanbahnung zeigen sich seine Stärken. Unter Männern wird die Sache auf einmal zäh, man verbeißt sich gerne in Details.

Frauen besitzen das Talent, verfahrene Gesprächssituationen (den ins Stottern geratenen Motor) durch unangestrengte Kommunikationsimpulse wieder zu beleben. Sie spielen in entscheidenden Augenblicken die Rolle des Stichwortgebers und üben damit eine beträchtliche Moderationsmacht aus. Nachdem Männer sich zu Beginn eines Gesprächs lange genug gesagt und gezeigt haben, wer sie sind, (da gibt es natürlich verschiedene Stufen der Deutlichkeit) tritt das Erstgespräch in eine entscheidende Phase. Hier stockt es oft, wird zäh und franst aus. Frauen können an diesem Punkt gute Mittler sein, weibliche Rhetorik wirkt entspannend. Männer wollen sich messen, es ist ihr Weg, den anderen zu akzeptieren. Von dieser Charakter-Tomografie hängt es ab, ob und wie ernst man den jeweils anderen nimmt. Während Männer sich untereinander messen, werden Frauen von Männern im Gespräch „evaluiert": Was hat sie drauf, lautet die stille Frage gleich. Ich bin übrigens der Meinung, dass man spezifisches Geschlechterverhalten in jeder Gesprächsstrategie berücksichtigen sollte. Neben dem ewigen Für und Wider beim Geschlechterthema kommen natürlich die individuellen Kommunikationsfähigkeiten eines Menschen zur Geltung. Hier gibt es brillante Überraschungen und erstaunliches Versagen auf beiden Seiten. Aus einsilbigen Herren werden bei Kundengesprächen plötzlich sprühende Entertainer und aus weiblichen Kommunikationszentren bescheidene Mauerblümchen – alles schon erlebt.

Es gibt diese bestimmte kommunikative Bruchstelle beim ersten Kennenlernen zwischen Aufträgeanglern und prospektiven Kunden, ich erwähnte es bereits. Da kann eine spontan eingespeiste, weibliche Unverbindlichkeit die ganze Situation retten. Ein Satz, ein Lächeln, eine andere Perspektive. Urplötzlich wechselt die Gesprächsatmosphäre. Ich sage „Unverbindlichkeit", und meine damit eine neue Perspektive für das Gespräch selbst. Frauen können übrigens Themen wechseln, ohne dabei den Faden zu verlieren (für viele Männer ein Horror!). Männer können all das auch, keine Frage. Wir trauen uns nicht so richtig, denn Esprit schreibt man in Business-Deutschland der Einfachheit halber lieber den Frauen zu. Auch das ist natürlich ein Irrtum. Ich halte übrigens nichts von einem „Wettbewerb (oder gar Kampf) der Geschlechter" im geschäftlichen Alltag. Wer das als beruflichen Leistungssport betrachtet, sollte sich besser einen anderen Austragungsort für diesen Unfug suchen. Viel besser ist es, die jeweiligen spezifischen Stärken zu nutzen, das ist spannender und es bringt: mehr. Die schönsten Erlebnisse hatte ich immer dann, wenn der Mix aus weiblichen und männlichen Perspektiven das Spektrum der jeweiligen Charaktereigenschaften zum Leuchten brachte. Ich möchte es gar nicht auf die intellektuelle Ebene heben, aber der weibliche und maskuline Perspektiven-Mix enthält einfach mehr Gesprächsstoff für einen Nachmittag.

Ich erinnere mich in diesem Zusammenhang an ein erstes Kontaktgespräch mit einem potenziellen Neukunden, einem enorm wichtigen „Kandidaten" für unsere Kundenliste. Der Vorstand des Bereichs Unternehmenskommunikation einer Mineralölgesellschaft empfing uns in seinem Büro. „Uns" heißt in diesem Fall, meine Kollegin und mich. Dieser für den Neugeschäftserfolg alles entscheidende Mann hatte auf unsere Briefe, die laufende PR-Arbeit und die neue Homepage positiv reagiert und bat uns nun zum Gespräch. Es ging um den Content der Konzern-Homepage, die redaktionelle Betreuung und visuelle Überarbeitung. Wir stellten unsere Agentur mit einer knapp gehaltenen Laptop-Präsentation vor (er hatte sich im Vorfeld bereits auf unserer Homepage informiert) und kamen dann recht schnell auf den zu vergebenden Auftrag zu sprechen. Wir, die beiden Männer am Tisch, unterhielten uns über die thematische Monokultur der Konzern-Homepage. Die Themen waren wirklich nicht sehr aufregend: Mineralölprodukte und ihre verschiedenen Produktionsstufen und Distributionskanäle, das perfekt organisierte Tankstellennetz sowie die neu entwickelten Umweltaktivitäten des Konzerns...klingt furchtbar spannend, nicht? Gut und schön, man war sich rasch einig, dass so eine Homepage nicht gerade ein Publikumsrenner ist. Die Aufgabenstellung ging in die Richtung, neue Inhalte einzupflegen, die ein breiteres Publikum, vor allem aber Journalisten interessieren könnte. Schließlich sind Tankstellen seit langem viel mehr als nur eine Treibstoffquelle, jeder weiß das. Meine geschätzte Kollegin folgte dem Gespräch zunächst, während sie sich Notizen machte. Als sie merkte, dass der Gedankenaustausch etwas an Schwung verlor, fragte sie: „Wie attraktiv sind Ihre Autobahn-Tankstellen für Frauen?"

Hmmmmh...Die Augen unseres Gegenübers blitzten auf, er setzte sich wieder aufrecht in seinen Sessel, in den er zwischenzeitlich versunken war und sah meine Kollegin mit großen Augen an: "Wie meinen Sie das...für Frauen?" Das Thema des Nachmittags war geboren: Autobahn-Tankstellen und Frauen. Und das meine ich damit, wenn ich weiblichen Perspektiven im geschäftlichen Gespräch etwas „Erfrischendes" zuschreibe - in solchen Augenblicken bestätigt es sich. Wir stiegen ins Thema ein, und ich habe selten zuvor soviel über das Geschlechterverhalten beim Tanken erfahren wie an diesem Nachmittag. Mein Staunen über die Fülle von internen Studien eines Mineralölkonzerns zu diesem Thema ließ an diesem Nachmittag auch nicht mehr nach. Genau so überrascht war ich aber auch, dass diese klugen Nachforschungen keinen nennenswerten Eingang in die werbliche Kommunikation dieses Konzerns gefunden hatten. Wie auch immer: Der heiße Kern des Neugeschäftsplaneten war erreicht, ich war mir sicher, dass dieser Marketingchef sich an keine andere Agentur so gut erinnern würde wie an uns. Wir hatten mit unserem Gespräch die folgende Wettbewerbspräsentation auf der Metaebene bereits gewonnen und erhielten den Auftrag für den Relaunch der deutschen Homepage. Man könnte nun einwenden, dass diese „typische Frauenfrage" aus der einfachen Tatsache heraus gestellt wurde, dass eine Frau anwesend war. Da möchte ich entgegnen, dass nicht alle Frauen hier ihren Einsatzpunkt für eine solche Frage gesehen hätten, aber wichtiger noch: Hätten dort drei Herren am Tisch gesessen, wären uns womöglich noch mehr „Mineralölthemen" eingefallen, statt einfach mal darüber nachzudenken, ob das Thema Tankstelle noch eine Männerdomäne ist. Natürlich ist es das längst nicht mehr. Ich muss es einmal loswerden: Männer sehen das Naheliegende oftmals nicht. Dass nebenbei eine Bewertungsmatrix für die Ausstattung und Sauberkeit von Damen- und Herrentoiletten, einschließlich vorhandener Wickelräume an Autobahntankstellen dabei heraussprang, und sich plötzlich eine französische Kosmetikfirma für diese Räumlichkeiten als Werbeflächen interessierte, sei nur am Rande erwähnt.

Halten wir fest:

- Weibliches Denken und Handeln bereichert die Anbahnungsarbeit in einer neuen Geschäftsbeziehung.
- Frauen erweisen sich bei der Pflege einer Neukundenbeziehung oft als der „moderierende, bewahrende Part".
- Frauen bringt so schnell nichts aus der Fassung, auch wenn es beim Aufträgeangeln Nerven aufreibend wird. Sie sind auf „schwere Geburten" offenbar besser vorbereitet.
- Die Anwesenheit von Frauen bei Neugeschäftsgesprächen minimiert das männliche Abgrenzungsverhalten auf ein erträgliches Maß.
- Frauen sind prädestiniert, eine Vermittlerrolle einzunehmen. Diese Option gilt es taktisch zu nutzen!
- Männer soll man jagen lassen – Frauen servieren die Beute. Das bedeutet nicht die Fortschreibung eines „tradiertem Rollenverhaltens". Es geht auch umgekehrt, nur muss man das noch ein bisschen üben...männlicherseits...
- Geschlechtsspezifische Charakteristika sollten hervorgehoben und nicht „eingeebnet" werden. Aber Neukundengewinnung ist kein Experimentierfeld für den schwachsinnigen „Kampf der Geschlechter" im Geschäftsalltag.
- Vorsicht, Männer: Ein Frauen-Doppel als Mitbewerberteam kann schnell zum Alptraum mutieren. Hier etwas zu unterschätzen, hieße, die Situation nicht richtig zu bewerten!

Köder oder Fisch: Wer kommt zuerst?

Ich sprach bereits vom „Bild im Kopf", ohne das man nicht auf Fang gehen sollte. Was ist das für ein Bild? Die meisten sehen dabei den Köder. Ich denke zuerst an den Fisch. Ich hielt anfangs lieber Ausschau nach solchen Kunden, die mir „liegen". Kunden und Aufträge, von denen ich annahm oder sogar wusste, dass ich ihre Erwartungen und Anforderungen mit einer gewissen Leichtigkeit erfüllen kann und deren Geschäfte mir nicht gänzlich fremd waren. Als Werbetexter suchte ich mir anfangs Branchen aus, deren Produkte ich aus eigenem Erleben kannte. An dieser Stelle darf man sich ein paar ehrliche Antworten auf notwendige Fragen geben. Wer zum Beispiel nur zehn Prozent der Funktionen seines Mobiltelefons kennt, sollte sich als Texter von diesem Thema noch eine Weile fernhalten.

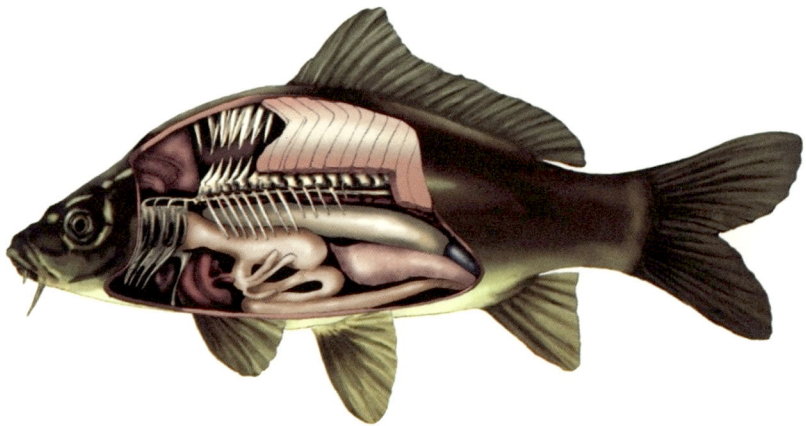

- Man ordnet die in Frage kommenden Branchen und Unternehmen in die erste Kategorie der Neugeschäftsstrategie ein.
- Klare Regel: Dort, wo ich mich am sichersten bewege, setze ich zuerst an.
- Es folgt ein ausgiebiges Monitoring der Neugeschäfts-Zielgruppe.
- Wie steht das Unternehmen da? Wie lauten die neuesten Nachrichten aus der Branche und aus dem Unternehmen selbst?

- Ein Besuch bei den Pressemeldungen auf der jeweiligen Homepage sollte zum Pflichtprogramm gehören.
- Wie schneidet das Unternehmen gegenüber seinen Konkurrenten ab?
- Wie entwickelt sich der Markt in dieser Branche in Zukunft?
- Wie sieht es mit der Innovationskraft des Unternehmens in der öffentlichen Wahrnehmung aus?
- Gibt es gesellschaftliche Engagements, beispielsweise Projekte im sozialen Bereich?
- Wie bewerten Sie persönlich die aktuelle Öffentlichkeitsarbeit?
- Hat das Unternehmen in den letzten 24 Monaten Mitarbeiter im großen Stil entlassen oder stellt es sogar neue ein?
- Wirtschaftsteile in Tageszeitungen, Fachzeitschriften und Veröffentlichungen zu den Konjunkturaussichten der Branche erhellen das Bild über Ihren prospektiven Kunden weiter.

Überhaupt sollte man als Dienstleister in diesen Medien öfters blättern. Eine gute Allgemeinbildung muss nicht immer tagesaktuell sein, aber so breit aufgestellt, dass jederzeit eine flüssige Konversation bei Wirtschaftsthemen bewältigt werden kann. Wirtschaftswissensfremde Dienstleister wirken auf mich immer ein wenig wie Singvögel im Katzenkäfig. Die Aneignung von Basiswissen in diesem Bereich dient der eigenen Selbstsicherheit, mit der man später einem Geschäftsführer, Einkäufer oder Marketingleiter gegenübersteht. Ebenfalls unverzichtbar ist ein stichpunktartiges Profil des ins Auge gefassten Unternehmens. Dieses Profil hat die Aufgabe, uns für das erste Gespräch mit dem Entscheider vorzubereiten.

Die Antworten auf diese Fragen werden Sie in der Einschätzung des jeweiligen Unternehmens ein großes Stück weiter bringen. Trauen Sie sich diese Bewertungen ruhig zu. Oft liegt man richtig mit dem ersten Eindruck. Es geht nicht um ein wissenschaftliches Dossier, es geht um die Erlangung von Wissen für den Aufbau von „Nähe" zum Objekt. Ich möchte niemand davon abhalten, das Informationsgeflecht des anvisierten Partners noch genauer zu durchforsten, wobei ein Informations-Overkill nicht weiter hilft. Noch einmal: Sinn und Zweck dieses Profils ist es, nicht als ganz „Dummer" dort aufzutauchen. Wichtiger noch: Dieses Profil sollten Sie bereits während der Akquisevorbereitungen erstellen. Schon im ersten Brief können Sie Ihr neu erworbenes Wissen dezent platzieren, das macht Eindruck. Aber bitte: niemals neunmal klug daherkommen – weder schriftlich noch im Gespräch. Gerade bei Erstkontakten mit potenziellen Kunden eckt die Form des „Über-informiert-seins" eher an und lockt den Gesprächspartner nicht aus der Reserve. Doch genau das ist eines Ihrer wichtigsten Ziele: Den Fisch an die Oberfläche locken, damit Sie ihn betrachten können.

Sollte Ihre direkte Zielgruppe hauptsächlich aus Privathaushalten bestehen, dann gilt im Prinzip dasselbe: Informationen über die Zielgruppen einholen, wo immer möglich. Als Finanzdienstleistungsvertreter beispielsweise erhalten Sie eine Fülle von lokalen und regionalen Daten bei den Statistischen Landesämtern. Soziodemografisches Statistikmaterial ist größtenteils frei zugänglich, und wenn es etwas kostet, dann lohnt sich die kleine Investition sicher. Ob Städte oder Landkreise: Wenn Sie die Alterspyramide einer Region benötigen, sind Sie bei den Statistischen Landesämtern (im Internet über den Suchbegriff „Statistisches Landesamt" oder „Statistisches Bundesamt") goldrichtig. Dasselbe gilt für Daten über Einkommen, den Anteil der sozialversicherungspflichtigen Berufstätigen oder den der Selbständigen. Sie erfahren die jeweiligen Männer- und Frauenanteile in einer Region oder die Zahl der Haushalte mit und ohne Kinder. Wer als Angestellter im Vertrieb einer Firma arbeitet, dem wird das relevante Datenmaterial von dort zur Verfügung gestellt, so sollte es wenigstens sein. Wenn nicht: Bringen Sie Ihren Vertriebschef oder Geschäftsführer auf Trab, er soll es Ihnen zur Verfügung stellen. Das sind lediglich die ersten Schritte für selbständige Agenten und Vertreter. Ich erwähne die „Vertreter" und „Akquisiteure" ausdrücklich, da diese „Auftragsangelkünstler" von allen Anglern den härtesten Bedingungen ausgesetzt sind und hier nicht unter den Tisch fallen sollen. Vieles von dem, was ich in den kommenden Sequenzen zusammenstelle, wird dieser Berufsgruppe natürlich auch von Nutzen sein. Und ich rate gerade diesen Verkäufern, von den neuen Kommunikationstechniken ausgiebig Gebrauch zu machen und sie nicht von vorn herein zu verwerfen. Das Argument „Zeitmangel" ist längst keins mehr. Wenn sie nicht wegen fehlender Aufträge Zeit im Überfluss ernten wollen, rüsten sie sich besser jetzt fürs Neugeschäft!

SEQUENZ II
MIT DEN FISCHEN SPRECHEN

Wir sind nun tiefer in die Materie des Aufträgeangelns eingetaucht. Ich habe verdeutlicht, wie wichtig es ist, die Neugeschäftsstrategie ohne Auftragsdruck, sondern nach Plan und konzeptionell abgesichert zu starten. Kurz: mit einem Bild im Kopf. Dieses Bild dient Ihnen als „mind map", als inneres Navigationssystem. Was sich im Rahmen dieses Bildes befindet, bestimmen Sie vorher. Was über diesen Rahmen hinausgeht, lassen Sie erst mal links liegen – es gehört im Moment nicht zu Ihren Zielen im Neugeschäft. Es gibt ohnehin schon zu viele Dinge im Tagesgeschäft, die uns ablenken, vom Weg abbringen und unsere Zeit stehlen. Positionieren Sie sich im Neugeschäft, verwandeln Sie Ihre Ziele in klare Begrifflichkeiten, verleihen Sie ihnen Aussagekraft! Sorgen Sie dafür, dass man Sie, und niemand sonst, mit bestimmten Ideen, Dienstleistungen oder Eigenschaften assoziiert. Aufträge angelt man mit eigenen Köder-Rezepturen; die Fische dürfen ruhig wissen, wer es gerade auf sie abgesehen hat. Sie sollen es sogar wissen.

Den Sinn des Schweigens über Ihre Neugeschäftsaktivitäten habe ich anhand eines Beispiels plastisch-drastisch dargestellt. Wir haben den Aspekt des „Gebens" und des „Wollens" beleuchtet und dabei wurde deutlich, dass man etwas geben muss, um Neugeschäftsziele zu erreichen. Wer nur einfach etwas „will", ohne im selben Augenblick auch etwas anzubieten, rennt gegen Wände. Es ist der persönliche Blickwinkel auf das Neugeschäft als dialogisch angelegter Vorgang, den Sie kultivieren müssen. Je früher Sie erfassen, dass ein breit aufgestelltes

Themen- und Dialog-Management zur Neugeschäfts-Strategie zählt, um so rascher kommen sie auf den Trichter, wie die Uhr im Neugeschäft tickt. Stellen Sie sich auf viel Gegenverkehr ein, denn Akquise ist keine Einbahnstraße – weder für Sie noch für Ihre potenziellen Zielgruppen. Sie werden feststellen, dass es der individuellen Ansprache bedarf, um Interesse zu wecken. Ihre Wunschkunden kommen in der Regel aus verschiedenen Branchen. Sie werden sich mehr einfallen lassen müssen als den berühmt-berüchtigten Serienbrief. Der kommt zwar an, erreicht aber keinen. Vor allem nicht das Aufmerksamkeitszentrum des Entscheiders. Setzen Sie sich bei allen Briefaktivitäten dieses Ziel: ‚An meinen Brief wird er sich noch morgen erinnern!‘ Wie ein solcher Brief aussehen könnte, erfahren Sie ein paar Seiten später. In der Regel zahlt sich eine gründliche Vorbereitung aus. Anhand des Vorbereitungsprofils habe ich verdeutlicht, was „gründlich" in diesem Fall konkret heißt. Natürlich können Sie auch mit Akquise-Schnellschüssen einen Treffer landen. Es ist eben nie ausgeschlossen, dass man mit einem Anruf, einem allgemein verfassten Brief bei irgendjemand auf akuten Bedarf trifft, keine Frage. Dennoch steht ein schlüssiges und zielorientiertes Neugeschäftskonzept alternativlos da. Dieses Konzept umfasst all Ihre Tätigkeiten auf diesem Gebiet. Sie sollten stets wissen, was Sie in dieser Richtung tun und warum. Das klingt banal, aber ich will noch einmal daran erinnern, dass das Bild im Kopf Ihr Leitmotiv ist. Neben den schriftlichen und telefonischen Aktivitäten sollten Sie die persönlichen Vernetzungen nicht vernachlässigen. Damit meine ich beispielsweise, dass es Teil eines Neugeschäfts-Konzepts ist, eine Zeitlang konsequent Einladungen wahrzunehmen. Die Rede ist von Einladungen, die im Tagesgeschäft rasch untergehen, da sie oft in den Abendstunden liegen, und man nach einem ereignisreichen Tag keine rechte Lust verspürt, dort hinzugehen. Ihre Teilnahme an gesellschaftlichen Terminen sollten Sie koordinieren. Man muss sein Gesicht nicht bei jeder Gelegenheit zu Markte tragen, doch die Redewendung deutet es schon an: Ihre Teilnahme am gesellschaftlichen Marktgeschehen ist ein offensiver Teil Ihrer Neugeschäftsanstrengungen und sie bringt neue Potenziale zum Vorschein. Sie sollten nicht nur Zaungast sein und mit alten Bekannten an Stehtischen lauwarmen Sekt trinken. Mischen Sie sich ein, beispielsweise mit einem Vortrag in der Industrie- und Handelskammer, einem redaktionellen Beitrag in Fachzeitschriften, ja sogar Postings im Internet oder Leserbriefe an Zeitungen können Ihrem Ziel dienlich sein, Kontakte zu neuen Auftraggebergruppen aufzunehmen. Sie könnten ein Seminar anbieten, in Vereinen und Verbänden die Initiative ergreifen, kurz: aus der Masse herausragen und Spuren hinterlassen. Es geht um Markierungen, auf die Dritte aufmerksam werden und bei Bedarf einmal zurückgreifen könnten. Ich werde noch darauf zurückkommen, dass es ein wichtiger Wesenszug des Aufträgeangelns ist, Haken und Köder auch mal zur Seite zu legen und sich mit den Fischen und ihren Eigenarten zu beschäftigen – ohne mit der Absicht, sie gleich zu fangen. Aufträge kommen dann, wenn man mit Geduld und Ausdauer die Sprache der Fische lernt. Sie kommen dann wie Gelegenheiten, wenn man soziale und geschäftliche Kontakte bündelt und stets bereit ist, sich auf Menschen und Optionen einzulassen. Gesehen, gehört und gelesen werden beispielsweise, im Gespräch bleiben, gerne fragen und antworten, Kontakte suchen, aufbauen und pflegen. All das sollte selbstverständlich sein, wenn man mit sozialen Navigationsinstinkten das alte „Kauf mich!" durch das heute gültige „Lern' mich kennen!" ersetzen möchte. Wer im Gespräch ist, wird auch angesprochen. Nebenbei bemerkt, dümpeln viele Wirtschaftsjuniorenclubs, Kamingesprächsrunden oder einfach nur Themenstammtische führungs- und konzeptlos vor sich hin. Stadtratsitzungen werden von Normalbürgern nur selten besucht, dasselbe gilt für Themenabende vieler Verbände und Vereine. Ohne ins Kleinkarierte abzurutschen: Es bieten sich gerade für junge Selbständige eine Reihe von Möglichkeiten, eingeschlafene Clubs, Institutionen oder Gesprächskreise durch frisches Engagement wieder zu beleben. Kapern Sie diese herrenlosen Schiffe und bringen Sie sie auf Kurs – Ihren Kurs!

Ich möchte Ihnen an dieser Stelle die bemerkenswerte Geschichte meiner Freundin Jessica erzählen. Was jetzt so klingt wie die Geschichte des berühmten Hot-Dog-Verkäufers aus Richmond, Ohio, der trotz Rezession seinen Stand als Einziger offen ließ und dann Milliardär wurde, ist nicht so eine Geschichte. Auch in Deutschland gibt es wunderbare Geschichten, die es wert sind, erzählt zu werden.

Jessica ist Personalchefin eines mittelständischen Unternehmens in einer Großstadt im Rhein-Ruhr-Gebiet. Das Unternehmen produziert hygienische Reinigungsmittel für Großbetriebe, einschließlich Toilettenpapier und Papierhandtücher. Die junge Frau hat es bereits mit dreißig zu etwas gebracht. Sie hat in ihrem Zwölfstundentag die ganze Bandbreite der „Human-Ressource-Abteilung" zu bewältigen und hat sich auch auf dem Gebiet der Mitarbeiterführung bereits einen Namen gemacht. Unter anderem schult sie die jungen Außendienstmitarbeiter des Unternehmens. Dafür hatte sie sich über diverse Schulungen ganz nebenbei noch qualifiziert. Sie ist Mitglied der Wirtschaftsjunioren ihrer Region und hat sich auch dort die Sprecherfunktion geangelt. Sie nahm jeden Termin der anfangs überschaubaren, bunt zusammen gewürfelten Truppe wahr und stellte im Organisieren von Veranstaltungen ihren findigen Geist unter Beweis. Nach nur einem Jahr war der Juniorenclub der Region in aller Munde. Es flatterten Einladungen der ansässigen Industrie- und Handelskammer in ihren Briefkasten, kleinere Unternehmen suchten ihren Rat bei der Einstellung von Hochschulabsolventen und ihre Themenabende im Juniorenclub werden längst auch von Senior-Unternehmern der Region geschätzt und gern besucht. Sie hatte eines Tages die Idee, dem Wirtschaftsjuniorenclub auch im sozialen Bereich ein Profil zu geben, denn das anhaltende Medien-Geraune von den „jungen Neoliberalen", die stets vorbehaltlos die Globalisierung als Heilsbotschaft feierten und sich vollends dem ökonomisch-politischen Neoliberalismus verschrieben hätten, nervte sie zusehends. Es ging ihr ums Image der Wirtschaftsjunioren, aber vor allem darum, zu demonstrieren, dass gutverdienende, erfolgreiche Menschen sich sehr wohl die Pflicht auferlegen können, ihr Wissen und Können mit anderen, vielleicht weniger erfolgreichen Menschen, zu teilen. Jessica beschloss, ihre beruflichen Kenntnisse und Erfahrungen den Hauptschulabsolventen mitzuteilen. Zunächst blickte man sich in der abendlichen Versammlung erstaunt an. Doch es dauerte nur wenige Augenblicke, bis die Ersten diese Idee begeistert unterstützten und ihrerseits Unterstützung anboten. Unter dem Motto „Gewusst, wie!", schrieb Jessica persönliche Briefe an alle Hauptschuldirektoren der Region und stellte ihr Projekt dort vor. Sie bekam in jeder einzelnen der angeschriebenen Schulen einen Gesprächstermin mit dem Rektor oder der Rektorin. Ja, es sprach sich so flott herum, dass die Direktoren der Realschulen und Gymnasien pikiert anriefen und fragten, wieso denn nur die Hauptschüler der Region in den Genuss von Jessicas Gratis-Schulungen kämen. Die Sache wurde brenzlig, aber Jessica hielt dagegen. Ihr Argument: Besonders die Hauptschüler bedürften der Hilfe beim Berufseinstieg. Damit war die Sache erledigt und man blickte gespannt auf das Experiment.

Was hatte sie vor? Ganz simpel, dies: Mit ihrer Kompetenz als Personalchefin eines großen Unternehmens wollte sie den Schulabgängern der Hauptschulen das „A&O" der richtigen Bewerbung vermitteln, inklusive einem kleinen Sprach- und Benimm-Unterricht. Schließlich landeten täglich zwischen 50 und 100 schriftliche Bewerbungen auf ihrem Tisch. Wenn jemand in diesem Unternehmen die Bewerber für Top-Jobs oder einfache Lagerarbeiten einschätzen konnte, dann war sie es. Kurzum. Ihre Crash-Kurse in den Hauptschulen waren ein voller Erfolg. Die Teilnehmerzahl entsprach fast durchweg der Klassenstärke, sogar Eltern mancher Schüler „schmuggelten" sich ein. Jessica musste die ursprünglich geplanten zehn Kurse um weitere fünf erhöhen. Das Resultat dieser von ihr erdachten Aktion waren nicht nur besser vorbereitete Absolventen der Hauptschulen, sondern auch begeisterte Eltern, die die Schulen jetzt mit anderen Augen sahen. Die regionalen Tageszeitungen berichteten, brachten Fotos von Jessica und mehrere Interviews mit ihr. Doch auch der geschäftliche Erfolg für das Unternehmen, für das sie arbeitet, ließ nicht lange auf sich warten. Die meisten Schulen der Region bestellen ihre Reinigungsmittel und Papierhandtücher nun dort. Eine Nebenwirkung, eine von vielen, die das Projekt hervorgerufen hat.

Warum erzähle ich diese Geschichte? Es liegt auf der Hand. Aus einer Idee heraus entwickelte sich ein breites Spektrum von Reaktionen, das weit über die eigentliche Intention hinausreicht. Den Hauptschulabsolventen wurde aus erster Hand erklärt, wie man sich erstklassig bei prospektiven Arbeitgebern vorstellt. Die „Aktivistin" dieser Geschichte, Jessica, erfuhr einen regelrechten Bekanntheits-Boom durch die regionale Berichterstattung, die Schulen und Schulleiter verbuchten einen Imagegewinn und am Ende profitierte noch das Unternehmen, für das Jessica arbeitet. Wie man die Sache auch dreht und wendet: Hier gab es nur Gewinner. Diese Geschichte dient mir als Beispiel für die einfache Umsetzung eines gesteuerten Eigenmarketings, auch wenn meine Freundin weder selbständig ist noch an die Neukundengewinnung dachte, als sie die Idee der Bewerbungs-Crash-Kurse hatte. „Gewusst wie!" - das will ich hier unkommentiert so stehen lassen. Jeder hat die Möglichkeit, kraft seines Wissens und seiner Erfahrung auf andere Menschen zuzugehen und im gesellschaftlichen Kontext Hilfestellungen anzubieten. Daran sollte man in erster Linie keine Neugeschäftserwartungen knüpfen, dennoch bleibt es eine gewinnbringende Option, sich selbst ins Zentrum der öffentlichen Wahrnehmung zu befördern. Wenn sich daraus Geschäftsverbindungen ergeben, was wäre falsch daran? Rückblickend haben viele Menschen aus diesem Engagement einen Gewinn gezogen.

Eine kleine Typologie der Entscheider-Fische: Wer sind die Menschen, die sich für oder gegen Sie entscheiden?

Die Bachforelle *(Salmo trutta fario)*

„Sie bewohnt die raschfließenden kalten und sauerstoffreichen Gewässer Europas, steigt in den Gebirgsbächen bis in Höhen von 2500 Meter, wird je nach ihrem Aufenthaltsort auch Wald-, Teich-, Alp- und Steinforelle genannt...Schuppenkleid wechselnd gefärbt, da sich der Fisch der Farbe der Umgebung anzupassen vermag, oft oberseitlich grünlichgrau, reich schwarz gepunktet, seitlich heller, meist rot gepunktet...wirkt verhältnismäßig gedrungen, kurzköpfig und großmäulig...Sie schnappt nach allem, was sie bewältigen kann...Insektenlarven, abgestürzte oder knapp über der Wasseroberfläche dahinfliegende Insekten...junge Frösche und Mäuse, kleine Fische und verschont auch die eigene Art nicht."

(Quelle: Smolik, „Das Große Illustrierte Tierbuch")

49

Der sportlich-aggressive Alleswoller

Nicht ganz unproblematisch, dieser Charakter. Mit Anfang bis Mitte dreißig ist er auf der Karriereleiter dort angekommen, wo er immer hin wollte: Er ist Entscheider. Jetzt hat er was zu sagen und das lässt er Sie was kosten. Er fordert eine Menge, testet Sie und genießt dabei Ihre verzweifelte Ausdauer. Es macht ihm Spaß, den Angler zappeln zu sehen – dabei ist er doch der Fisch! Aber er ist nicht blöd. Er weiß genau, was der Auftrag für Sie bedeutet. Er drückt den Preis und erhöht die Leistung zu seinen Gunsten. Bevor er anbeißt, will er Sie als Trophäe einheimsen. Zu seinem Boss sagt er dann: „Hier, Chef, schauen Sie mal, hab' ich für'n Appel und'n Ei nass gemacht!" Er will glänzen auf seinem Weg nach oben. Dafür frisst er alles – auch (und gerade) Angler.

Wesenszüge

Humor: mittelprächtig, aber ausbaufähig
Fachwissen: up-to-date, hält sich fit
Flexibilität: Tendenztyp, „learning-by-doing", pragmatisch
Beißfreudigkeit: hoch, aber trickreich in jeder Richtung
Berechenbarkeit: schwankende Tendenz, Richterskala ab 7,5 abwärts
Verlässlichkeit: mittelmäßig bis befriedigend, opportunistisch
Freund- /
Feind-Denken: latent bis ausgeprägt vorhanden

Tipps für Umgang, Fütterung und Haltung

Zeigen Sie ihm (wenn es sein muss, täglich), dass er eine aufregende, räuberische Bachforelle ist. Geben Sie ihm nie zu verstehen, dass es noch ein Weilchen dauert, bis aus ihm ein toller Hecht wird. Denn er ist empfindlich: Bekommt er nur den geringsten Verdacht, dass Sie an seinen unverwechselbaren Fähigkeiten zweifeln, schießt er pfeilschnell davon. Das war's dann mit dem Anglervergnügen, Sie können diesen

Angelplatz vergessen. Also lassen Sie ihn Ihr Chef sein. Noch mit relativ wenig Menschenkenntnis ausgestattet, wird er nicht bemerken, dass Sie gute Miene zum Angelspiel machen. Mit der Zeit können Sie Ihren Erfahrungsschatz einbringen und ihn „korrigieren", schließlich will er noch lernen und zeigt sich nach einer Gewöhnungsphase auch einsichtig. Sie kriegen ihn mit gezielt dosierten Komplimenten („Ich finde das echt toll, wie Sie den Laden hier schmeißen!") und wenn Sie den Auftrag haben und ein wenig warm mit ihm geworden sind, sollten Sie ihn unbedingt zu einem Gläschen Sekt in Ihre Firma einladen. Die Bachforelle liebt das spritzige Nass und fühlt sich sehr wohl in diesem Element. Besonders die männlichen Exemplare balzen gern und zeigen den Weibchen, wie beliebt, geschickt und aufstrebend sie sind. Bieten Sie ihm auch genügend sauerstoffreiche Wasserschnellen (spritzige Konversation, offensiven Umgang), denn sein Selbstbewusstsein ist bei weitem noch nicht so gefestigt, wie er tut. Er wird sich dafür Ihnen gegenüber dankbar zeigen. Im Grunde will er in der ersten Phase des Kennenlernens wissen: Akzeptieren die mich als tollen Hecht? Natürlich tun Sie das...auch wenn Sie älter und erfahrener sind als die junge Bachforelle.

Das Seepferdchen *(Hippocampus guttulatus)*

Bewohnt die westeuropäischen Küstengewässer vom Schwarzen und Mittelländischen Meer bis zur westlichen Nordsee...Färbung braun, mit weißen Tupfen und Punkten; hat große Augen, röhrenartige Schnauze, kleine Brustflossen, eine fächerartige Rückenflosse und einen flossenlosen Greifschwanz. Das Seepferdchen treibt aufrecht stehend durch das Wasser. Die Antriebskraft wird von der lebhaft vibrierenden

Rückenflosse erzeugt. Der auffallende Pferdekopf ist immer leicht geneigt. In der Laichzeit umtanzen sich die Geschlechter zärtlich...Dabei presst das Weibchen nach und nach alle seine etwas birnenförmigen Eier aus der Legeröhre in den Brutbeutel des Männchens...das Männchen vermag bis zu 500 Eier aufzunehmen...Erst nach 6-8 Wochen sind sie groß genug, um ins Leben treten zu können. Das Männchen presst sie in regelrechten Wehen aus dem Beutel.

(Quelle: Smolik, „Das Große Illustrierte Tierbuch")

Das schwebende Rätsel – doch einfach zu lösen

Seepferdchen sind einfach toll. Ihr Aussehen verwundert uns genau so, wie ihre Art sich fortzubewegen. Und nicht das Weibchen, sondern Herr Seepferd brütet die Nachkommen aus - eine biologische Sensation. Seltsam muten sie an, dabei so geheimnisvoll fremdartig: Man möchte ihnen stundenlang zusehen und fragt sich, wie so etwas Skurriles zustande kommt? War Gott ganz früher einmal Badkacheln-Designer? Doch die exotische Anmutung steht meist im schroffen Gegensatz zu ihrem Charakter. Der Seepferdchen-Entscheidertyp ist ein recht lustloser Zeitgenosse, phlegmatisch könnte man das auch nennen. Er ist, ja, sagen wir es gerade heraus: faul. Seepferdchen-Entscheider sind um Mitte vierzig und teilen ihre Energien ausgesprochen rational ein. Treffen Sie auf diesen Entscheidertyp, muss Ihnen klar sein: Sie tun die Arbeit, er wird sich's gutschreiben. Auch macht er meist nicht die geringsten Anstalten selbst nachzudenken, denn seine Gedanken investiert er lieber woanders: daheim im Weinkeller, bei Firmenpartys im Golf-Ressort oder beim Formel-Eins-Rennen am Hockenheim Ring. Er engagiert nur solche Dienstleister, die ihm keine Arbeit machen. Wer ihn fordert, befördert sich vor die Tür. Schließlich hat er eine Position, und „Position" bedeutet für ihn: Nichtstun als Karrieregymnastik. Ein seltsamer (doch nicht seltener!) Exot unter den Entscheidern.

Wesenszüge

Humor:	mittelprächtig bis verschwindend
Fachwissen:	durchschnittlich
Flexibilität:	fremdwortartig
Beißfreudigkeit:	mittelmäßig bis träge
Berechenbarkeit:	gleichbleibende Tendenz, Richterskala 3,0
Verlässlichkeit:	mittelmäßig bis befriedigend
Freund- / Feind-Denken:	latent bis mittelmäßig

Tipps für Umgang, Fütterung und Haltung

Zugegeben, so leicht schwebend wie das Seepferdchen daherkommt, ist es im Umgang sicher nicht. Seine Form verrät die Gesinnung: das (fast) geschlossene Ornament. Man lockt diesen Entscheidertyp nur selten aus der Reserve. Dafür gibt es einen Grund: Er hat keine. Das bedeutet, dass man ihn genauso nehmen muss, wie er ist. Manche Menschen können mit diesem Typus gut zusammenarbeiten, denn reinreden tut der Seepferdchentyp nur selten. Er fürchtet nämlich, dass ihm dies am Ende noch Arbeit einbringt. Er lässt Sie gewähren, leider auch längere Zeit ohne Feedback, was die meisten von uns nicht selten nervös macht. Für persönliche Komplimente, wie man sie der Bachforelle ab und zu kredenzen sollte, ist er relativ unempfänglich – es ist ihm ziemlich wurst, was Sie von ihm halten. Füttern würde ich diesen Entscheidertyp mit Dingen wie Pünktlichkeit, Verlässlichkeit und sachlichen Informationen. Zwischenmenschliches berührt ihn fast peinlich – er ist sich selbst genug. Sie können ihm mit obligatorischen Späßchen schon mal ein Schmunzeln entlocken, das war's dann aber auch. Empfehlung: Zeigen Sie sich pragmatisch und wundern Sie sich nicht, wenn er durch Ihren Fleiß und Ihre Ideen alle Lorbeeren einheimst. Ihr Schweigen dazu belohnt er dann auch mal mit demonstrativer Loyalität. Das ist nicht das Schlechteste.

Der Hecht *(Esox lucius)*

Bewohnt die Teiche, Seen und Flüsse Europas, Asiens und Nordamerikas, steigt in den Alpen bis in 1500 Meter Höhe... Schuppenkleid dem Untergrund des Gewässers weitgehend angepasst, oberseits oft graugrün bis schwärzlich und goldschimmernd...als Raubfisch bevorzugt der Hecht die Überrumplungstaktik. Aus der Deckung der Buhnen und Molen, Wehre und Uferränder schießt er jäh vor und schnappt so kräftig zu, dass sich das Opfer höchst selten wieder befreien kann. Als Jungfisch lebt er von Würmern, Larven und Flohkrebsen. Im Alter ist nichts vor seiner Raubgier sicher, was er mit seinem weitem Maul nur halbwegs bewältigen kann... Als typischer Einzelgänger verschont er auch die eigene Sippe nicht, und schon die Junghechte fressen sich gegenseitig auf...

(Quelle: Smolik, „Das Große Illustrierte Tierbuch")

Der tolle Hecht!

Sie ahnen es schon: Das wird keine Spazierfahrt auf dem Ponywagen. Um diesen Kerl zu schnappen, müssen Sie alle Register ziehen. Wenn er sich einmal für Sie interessiert hat, wird er so schnell nicht wieder locker lassen. Aber er möchte außer Ihrem Köder noch mehr: Sie selbst. Er ist der Typ Entscheider, der „seinen" Dienstleister mit Haut und Haaren verschlingt. Er fordert schlicht alles, ganz egal, ob Sie in Ihrem Leistungsangebot Kontingente und preisliche Hürden eingebaut haben.

Er fordert das Ganze und kämpft verbissen darum, nicht den ganzen Preis dafür zahlen zu müssen. Natürlich ist er mit allen Wassern gewaschen, er kennt Tricks und Finten ohne Ende. Sie sind gut beraten, sich jede Menge Fluchtwege für sich selbst auszudenken und die seinen zu verbauen. Seine Verschlagenheit führte schon manchen zur Verzweiflung und Aufgabe. Es ist kein Zuckerschlecken mit diesem Typ zusammenzuarbeiten, das ist klar. Allerdings: Wenn Sie ihn beeindrucken, zollt er Anerkennung. Vor Ebenbürtigen hat er insofern Respekt, dass ihm der Jäger und ausdauernde Kämpfer im Angler imponieren – die Jagd auf gleicher Augenhöhe ist sein Metier. Beeindruckt ist er dann, wenn Sie stets gut vorbereitet, mit Argumenten gut versorgt und nicht auf den Mund gefallen sind. Sein Humor trägt nicht selten sarkastische Züge und er liebt es, wenn er in gleicher Weise beantwortet wird. „Intellekt" ist für ihn kein Schimpfwort, „Esprit" und „Konter-Talente" rechnet er Ihnen fair an. Er sucht die sportliche Auseinandersetzung. Steigen Sie einfach drauf ein!

Wesenszüge

Humor:	evident, offensiv bis sarkastisch
Fachwissen:	versiert, alles an seinem Platz
Flexibilität:	buchstäblich vorhanden, visionäre Züge
Beißfreudigkeit:	in jede Richtung
Berechenbarkeit:	auf der Richterskala rauf und runter
Verlässlichkeit:	von Fall zu Fall neu zu justieren
Freund- / Feind-Denken:	präsent, wird gern „sportlich" interpretiert

Tipps für Umgang, Fütterung und Haltung

Recht schwierig, angesichts dieses Kalibers auch noch Tipps zu geben. Doch was hilft es: Sie werden dem Hecht früher oder später begegnen, und dann ist Ihr Geschick gefragt. Zunächst mein Rat, keine Angst vor ihm zu haben, denn er kann zu einem formidablen Partner werden. Er verlangt viel, will es jetzt und nicht irgendwann. Versprechen Sie ihm deshalb nie etwas, das Sie nicht auch auf der Stelle liefern könnten. Bieten Sie ihm „die einmalige Gelegenheit", etwas wirklich Besonderes als Köder an. Sein Instinkt für das Besondere ist untrüglich, an 0/8-15-Ködern hechtet er ohnehin gelangweilt vorbei. Erkennt er in Ihnen oder Ihrer Leistung etwas Wertvolles, wird er ohne zu zögern anbeißen. Im Gegenzug erhalten Sie einen Partner, der weiß, was er will und was er an Ihnen hat. Das ist ein Wert an sich, denn es erspart Ihnen dauernde Kür-Läufe, um genau das zu beweisen. Überraschen Sie ihn, er mag es. Treiben Sie ihn an, so wie er Sie anheizt. Er schätzt das Gedankenspiel jenseits der ausgetrampelten Pfade. Er gefällt sich durchaus auch als Visionär. Das ist Ihre Chance, diese Geschäftsbeziehung langfristig auszubauen. Ängstliche Rückzieher sind bei ihm selten. Er sagt, was er denkt, und tut, was er sagt. Das macht ihn verlässlich - einerseits. Aber bitte: Vergessen Sie nie, dass er ein Hecht ist und keine Bachforelle, die das nur von sich denkt. Wenn er anbeißt, sind Sie dran.

Das Moderlieschen *(Leucaspius delineatus)*

Bewohnt die Tümpel, Teiche und Seen Europas, ist besonders im Osten häufig...Schuppenkleid oberseits grünlichbraun, seitlich silberweiß, stahlblau längsgestreift; hat eine länglich-schmale, schnittige Gestalt, ist ungemein lebendig und gesellig, laicht im Mai/Juni, legt die Eier in Ringen um Pflanzenstengel, wo sie vom Männchen befächelt werden.

Die Umgänglichen

Der Moderlieschentyp kommt als weibliches und männliches Exemplar vor und er zählt zu den erfreulichen Erfahrungen beim Aufträgeangeln. Lassen Sie sich nicht von dem eigentümlichen Namen irritieren, denn mit diesen Auftraggebern werden Sie einfach Freude haben. Als weibliches Exemplar bringt Ihnen das Moderlieschen schon bei der Begrüßung eine frivole Aufgeschlossenheit entgegen. Sie sind ausgesprochen neugierig und leutselig, entlocken Ihnen mit ein paar unscheinbaren Sätzen Dinge, die sogar Ihr Partner noch nicht weiß. Sie fragen sich nach dem Erstgespräch, wer sich hier wen geangelt hat. Stets begegnen sie Ihnen in aufgeräumter Stimmung, Probleme werden partnerschaftlich gelöst, statt durch Schuldzuweisungen weiter verschärft. Der Moderlieschentyp ist pflegeleicht, doch sollte man den meist sonnigen Charakter nicht mit Oberflächlichkeit verwechseln. Er ist ein aufmerksamer Beobachter, stets gut vorbereitet und handelt sachlich-pragmatisch. Das Moderlieschen-Motto lautet: ‚Warum kompliziert, wenn's auch einfach geht!'.

Wesenszüge

Humor:	offen und einladend
Fachwissen:	up-to-date
Flexibilität:	selbstverständlich
Beißfreudigkeit:	gesunder Appetit
Berechenbarkeit:	geringe Ausschläge auf der Richterskala
Verlässlichkeit:	gehört zum Handwerk
Freund- / Feind-Denken:	viel zu gut gelaunt dafür

Tipps für Umgang, Fütterung und Haltung

Wer es schafft, mit Moderlieschen über Kreuz zu kommen, der sollte seine sozialen Befähigungen generell einmal von einem Dritten beurteilen lassen. Mir ist kein einziger Fall bekannt, bei dem jemand mit diesem Entscheidertypus ernstlich aneinandergeriet. Der Moderlieschentyp ist umgänglich und mag es nur so. Etwaige Komplikationen, die aus „Steifheit" oder unnötigen Formalismen entstehen, räumt er aus dem Weg – wenn sein Gegenüber mitmacht. Er lebt und arbeitet strikt nach seiner persönlichen „Simplifizierungstechnik" und macht es sich und anderen damit einfach. Sollten Sie zu den reservierten Menschen zählen, stehen Sie hier sicher vor einem kleinen Akklimatisierungsproblem. Wer ihnen ständig reserviert gegenübertritt, der irritiert sie. Am besten, Sie pauken ein paar Lockerungsübungen, und wer weiß, vielleicht lernen Sie im Umgang mit diesem offensiven Charakter das eine oder andere hinzu. Insofern ist dieser Typus durchaus bereichernd für jeden von uns. Doch sollte man bei aller Aufgeräumtheit die sachlichen Aspekte nie vernachlässigen. Der Moderlieschentyp versteht sein Geschäft – er hat konkrete Erwartungen und hält nicht hinterm Berg damit.

Die neue Entscheidergeneration

Nehmen Sie die Menschen, wie sie sind. Andere gibt's nicht.
Konrad Adenauer 1876-1967, erster Kanzler der Bundesrepublik Deutschland

In den Entscheider-Etagen des Dienstleistungssektors hat sich seit der Jahrtausendwende vieles verändert. Zunächst sorgte die New Economy Ende der neunziger Jahre dafür, dass sich der Altersdurchschnitt merklich senkte. Diese Entwicklung wurde dann in den Jahren 2001 / 02 abrupt gestoppt. Durch den massenhaften Kollaps der jungen Internet-Entrepreneure verschwanden ganze Entscheiderkulturen und mit ihnen auch der Schweif an noch jüngeren Nachwuchskräften. Dieser Schwund wurde auch in anderen Branchen spürbar, denn die knallharten Rezessionsjahre 2001 bis 2005 eliminierten auch andernorts, in der bis dahin so genannten „Old Economy", ganze Führungsetagen. Im Mittelstand und bei den Konzernen wurden Marketingabteilungen derart eingedampft, dass oft nur noch eine klägliche „One-Man-Show" übrigblieb. So schaffte es beispielsweise eine große mittelständische Brauerei, ihren Marketingleiter, den Werbeleiter sowie den PR-Leiter „einzusparen" und dem noch verbliebenen Produktmanager diese Bereiche aufs Auge zu drücken. Diese Entwicklung traf mich seinerzeit mitten in einem interessanten Marketingprojekt, dass ich gemeinsam mit einer Berliner Kommunikationsagentur für diese Brauerei ausgearbeitet hatte. Es ging um eine Vermarktungsvariante von neuen Bier-Mixgetränken, und das Projekt stand unmittelbar vor der Entscheidungsreife. Es wurde nichts draus, da die oben geschilderte Entwicklung im Management alles über den Haufen warf. Nicht nur hatte dieses Management es jahrelang versäumt, den Trends auf dem Pre-Mix-Getränkemarkt mit eigenen Produktentwicklungen zu entsprechen. Man begriff auch die neuen Zielgruppen dieser Geschmacks- und Konsumwandlung nicht mehr. Aus dieser Perspektive war es vielleicht sogar richtig, die verantwortlichen Schnarchnasen in der Marketingabteilung vor die Tür zu setzen, wobei die Tatsache, dass ausgerechnet der Produktmanager als Einziger blieb, seltsam anmutet, um es nachsichtig zu formulieren. Wie auch immer: Dieses Beispiel steht stellvertretend für die Entwicklung in Entscheider-Etagen während der deprimierenden Jahre zwischen 2001 und 2005: die Ausdünnung der Entscheider-Pools und eine damit einhergehende, radikale Kürzung von Budgets. Und wie die deutsche Logik in solchen Situationen oft funktioniert, ließ man sich von der Maxime leiten: ‚Wenn man nichts mehr verkauft, sollte man nichts mehr verkaufen'. Sie finden, das klingt komisch? Ich auch.

Inzwischen hat sich diese Extremsituation entspannt, was nicht heißt, dass sich die Qualität in den Entscheider-Etagen verbessert hätte. Noch immer wird dort viel gekuscht, improvisiert und auf die lange Bank geschoben. Und, je größer die Unternehmen, desto gravierender fallen die Fehlentscheidungen aus. Warten kann auch eine sein. Diese Fehler werden nicht selten durch einen weit verbreiteten Rückversicherungsbazillus (RVB) weiter verschärft: Man engagiert Unternehmensberater, um die eingeleiteten Fehlentwicklungen der vergangenen Jahre im Nachhinein zu sanktionieren und ihnen den Anstrich „richtiger Entscheidungen" zu geben. Da darf beispielsweise ein großes Immobilienunternehmen offiziell keinen Marketingleiter mehr haben; die Marketingabteilung wird kurzerhand aufgelöst. Das hat die Unternehmensberatung Tunichtgut AG so empfohlen. Sie hat auch andere Dinge per Analyse erkannt und diktiert nun den Abschied aus der aktiven Vermarktungsstrategie ins Protokoll. Sehr sinnig, nicht wahr? Doch was tut ein Immobilienunternehmen mit Hunderten von Wohnungen und Büroflächen im Angebot ohne Marketingleiter, ohne eine schlagkräftige Abteilung? Ganz einfach: Man nennt sich nun „Leiter Unternehmenskommunikation" – pssst...nicht weitersagen! So umgeht man elegant das für viel Geld erworbene Gebot der Unternehmensberatung, keinen Marketingleiter mehr zu engagieren. Man könnte es „Notwehr" nennen - die an Selbstjustiz erinnernde Entscheidung ist aus meiner Sicht sogar nachvollziehbar. Doch wenn man dort als Dienstleister in die Mühlen der künstlich vertrackten Entscheidungswege gerät, kann man schon mal am eigenen Verstand zweifeln. Da werden beispielsweise Werbetexte vom Prokuristen geprüft, vom PR-Mann sarkastisch kommentiert und an den verantwortlichen Leiter Marketing, der sich nicht so nennen darf, zurückgemailt. Der wiederum erklärt mir, dass dem Prokuristen, Herrn Erbsenzähler, der Textabschnitt XY nicht gefalle und die Einzeltexte für das Mietwohnungsangebot mal eben vollständig überarbeitet werden müssten. Um mir Hilfestellungen zu geben, hat der Prokurist sich prophylaktisch an der Werbetexterei versucht. Da sitze ich nun mit einem Wust handschriftlich verfasster Papiere, zusammen mit meinen Texten, die vor chaotischen Korrekturen nur so strotzen, und soll das Ganze „noch mal rasch überarbeiten". Na, fantastisch! So stellt man sich effizientes Arbeiten doch immer vor. Wenn es meine Zeit erlaubt, werde ich die Jahresabschlussbilanz dieses Immobilienunternehmens textlich etwas umwidmen, um dem Prokuristen zu signalisieren, dass sich auch Werbetexter ohne weiteres an eine Konzernbilanz herantrauen. Denn an Einbildungskräften fehlt es diesem Berufsstand sicher nicht. Und dem PR-Mann mache ich an meinen freien Nachmittagen in Crash-Kursen klar, dass sich Werbetexte grundsätzlich von der Tonalität und Zielsetzung einer Pressemitteilung unterscheiden. Das hat er in seiner privaten Marketinguniversität mit Auslandssemester offensichtlich nicht gelernt. Und wenn doch: Er hat es vergessen oder ignoriert es einfach. Ein Vorgang, der beispielsweise in England undenkbar wäre. Dort beschäftigen sich Prokuristen großer Unternehmen mit Zahlen, und PR-Leute mit den Medien, aber nie mit Werbetexten. Seltsame Dinge gehen vor in deutschen Entscheider-Etagen. Eine andere Situation führte mich nach Bad Saarow, dem Golfrefugium der Berliner Business-High-Society. Hier erwartete mich Herr Frühstücksdirektor Dr. Cabrio, um die neuen Entwürfe der Imagebroschüre für ein Berliner Dienstleistungszentrum zu begutachten. Er sei, so hörte ich als Erstes, eigentlich gar nicht so recht vorbereitet auf die Entwürfe, aber aus Zeitmangel müsse man das jetzt „an Ort und Stelle durchziehen". Und so nebenbei, wortreich unterstützt von seinem Caddy, gab er mir die Korrekturkommentare zu den Entwürfen durch. Dieses Korrektur-Putten war sehr lustig und für alle Beteiligten geradezu vorbildhaft, was das entspannte Arbeiten anging. Zwischendurch eilte ein Angestellter des Golfclubs über die sanften Einloch-Hügel und reichte den gestressten Entscheidergolfern das Erfrischungsgetränk ihrer Wahl. Wenn es um ihr persönliches Wohlbefinden geht, haben sie ihr Leben gut organisiert. Dass die Entwürfe seit 14 Tagen in seinem Büro lagen, ohne dass er sie auch nur eines Blickes gewürdigt hätte, fällt da nicht mehr ins Gewicht. Schließlich ist Korrektur-Putting auf dem Golfplatz um einiges angenehmer als der graue Alltag in einem klimatisierten Luxusbüro in Berlin-Grunewald.

Das Schlimme ist, dass wir uns als Dienstleister bereits an diese Anarchie gewöhnt haben. Es gibt ja kaum eine andere Wahl. Dann stehen wir plötzlich vor Situationen, wo es vor Entscheidern und solchen, die sich just dazu berufen fühlen, nur so wimmelt. In einem solcher Fälle wohnten der Präsentation einer Werbekampagne für ein öffentliches Entsorgungsunternehmen nicht weniger als 22 Personen bei. Das Spektrum reichte vom Geschäftsführer bis zur Betreuerin des betriebseigenen Kindergartens, die als Betriebsratsmitglied von der Gewerkschaft dorthin abdelegiert worden war. Es war diese Dame, die mich nach der Vorstellung der Großplakate für die Imagewerbung fragte, ob wir denn auch Motive für die Mitarbeitermotivation dabei hätten. Klar, hat man die mal grade so dabei, erst recht, wenn es gar nicht um Mitarbeitermotivation geht, wie bei dieser ausschließlich an die Öffentlichkeit gerichteten Kampagne. In der entscheidenden Sitzung, wenn entschieden wird, wer nun den Werbe-Etat bekommen soll, zählt die Stimme der Kindergartentante übrigens genau so viel wie die des Werbeleiters, der sich dummerweise auf diese Form der „Hausfrauentests" (wie er es nannte) auch schon bei anderen Gelegenheiten eingelassen hatte. Eine, wie ich weiß, weit verbreitete Hirntodvariante bei Entscheidern, die durch nichts zu entschuldigen ist. Verdienen Sie Ihr Geld etwa auch damit, Hauspersonal über hochkarätige geschäftliche Vorgänge abstimmen zu lassen? Die Betriebskindergartenbetreuerin hat die nicht vorhandenen Plakate für die Mitarbeitermotivation am Ende sicher sehr vermisst. Wollte sie etwa mit ihrem Konterfei in der ganzen Stadt plakatiert werden und es im Vorbeifahren ihren Freundinnen zeigen? Sie hatte keinen blassen Schimmer, was sie an diesem Tag beurteilen sollte. Doch gerade für Nichtkompetente gilt anscheinend: 'Dabei sein, ist alles – Mit entscheiden noch mehr!'. Da kann man nicht meckern, wenn es so fundamentalistisch demokratisch zugeht, oder? Nein, kann man nicht, und tut man dann auch nicht. Denn als frisch motivierter Aufträgeangler stürzt man sich nicht gleich auf alles, was ganz offensichtlich neben der Spur läuft. Und in deutschen Entscheider-Etagen läuft einiges neben der Spur.

In einem anderen Fall wurde mitten in der Entscheidungsfindung der Entscheider mir nichts dir nichts ausgewechselt. Eine Kleinigkeit fürs deutsche Management, so scheint es, denn es ging ja nur um eine 500 tausend Euro teure Endverbraucherkampagne für die Bestandskunden einer Automobilmarke. Seit dem Akquise-Erstgespräch waren inzwischen zwei Monate vergangen, die Agentur hatte drei freie

Mitarbeiter gebucht, die sich Überschriften und Texte ausdachten, zwei Grafiker waren eigens für dieses Projekt abgestellt worden und hatten so manches Wochenende draufgesattelt. Wie bei der Zusammenarbeit mit Konzernen üblich, nährt sich das Eichhörnchen hier besonders mühsam, aber was tut man nicht alles, wenn es um den Gewinn eines solchen Etats geht. Die persönliche Chemie zwischen mir und dem Entscheider war perfekt, die Verzögerungen und andauernden „Nachbesserungen" an den präsentierten Arbeiten kamen von ganz oben, da konnte er auch nichts für. Wir bissen uns gemeinsam durch und bohrten dieses dicke Brett geduldig wie zwei tibetanische Tempelwächter, doch urplötzlich war er weg vom Fenster. Von Knall auf Fall in die USA versetzt. Kommt vor. Seine Nachfolgerin war eine enthusiastische Frau, die es in einer militanten Anti-Auto-Selbsthilfegruppe sicher zum CEF, Chief Executive Fundamentalist, gebracht hätte. Sie war voller Sendungsbewusstsein für eine Welt ohne Autos, schwärmte von der autofreien Stadt wie vom Triple-Orgasmus beim Champagner in der Lufthansa Senatorklasse und ließ keine Gelegenheit aus, auf die enormen Folgekosten der Weltautomobilisierung hinzuweisen. Ich fragte mich natürlich, was sie in einem Automobilkonzern verloren hat, noch dazu in einer führenden Position im Marketing. Sicher, wenn jemand seine Karriereplanung darauf hin ausrichtet, wie man schnell, lautlos und das möglichst mehrmals im Monat an die neue Jil-Sander-Business-Kollektion kommt, hatte sie mit diesem Pöstchen einen Volltreffer gelandet. Sieht so Zufriedenheit mit dem Beruf aus? Gut, auch das nehme ich als Erfahrungswert mit ins Nähkästchen. Doch das dicke Ende dieser Veranstaltung kam dann nach drei Wochen: Die Kampagne wurde komplett vom Plan genommen. Das teilte mir der Vorgesetzte von Frau Immerchic telefonisch mit, entschuldigte sich mehrmals dafür und erklärte, es geschehe ausschließlich aus Gründen veränderter interner Marketingüberlegungen zum Modell XY, und ich solle es mir bitte nicht zu Herzen nehmen. Tat ich aber doch. Wir bekamen zwar die Auslagen bezahlt, doch die emotionale Achterbahn, der ein eiskaltes Wasserbad folgte, war eine Erfahrung, die kein Mensch braucht. Ein Jahr später etwa waren wir bei derselben Automarke wieder mit im Boot. Keiner, mit denen ich es noch ein Jahr zuvor zu tun hatte, war noch da – auch der mächtige Anrufer nicht mehr. Es ging dann alles vergleichsweise glatt über die Bühne, doch wann immer ich das Gebäude betrat, rechnete ich stets mit allem. Leider ist es zum vorherrschenden Anfangsverdacht avanciert, echten „Freaks" zu begegnen, wenn man Entscheidern oder Entscheiderstrukturen gegenübersitzt. Das gilt für große Unternehmen im besonderen Maße. In kleinen und mittleren Firmen bleibt die Sache überschaubar. Man merkt hier, dass der Umgang mit Geld und Zeit einen Stellenwert besitzt und dass Werte wie Konzentration und Zielorientierung noch Gewicht besitzen. Das scheint sich zu verflüchtigen, je komplexer das Unternehmen und seine Entscheidungs-Ebenen werden.

Die Playmobil-Generation sitzt jetzt am Drücker

„Unsere Welt ist einfach genial! Für alles gibt es Steckverbindungen"

Über Theorien lässt sich streiten – über ihre Existenzberechtigung schon seltener.

„Entscheider-Moden"- das klingt wie ein Modefachgeschäft in der pfälzischen Provinz, mit schwungvoller Neonschreibschrift aus den Sechzigern über dem Schaufenster. Doch es gibt sie, diese Moden. Das liegt einfach daran, dass sich auch in den Entscheideretagen das Generationenrad dreht, wie überall. Jeder Entscheidergeneration haftet auch eine Managementphilosophie an - wie sonst wären die Millionenauflagen in diesem Buchsegment zu erklären. Neben den medialen Managementmoden spielt die soziodemografische Kulisse der jeweiligen Entscheidergeneration eine herausragende, wenn nicht entscheidende Rolle. Heute sitzen die Jahrgänge der Sechziger am Drücker, doch vermehrt rücken jetzt die Siebziger-Jahrgänge in die höchsten Etagen auf; in der IT- und Kreativindustrie haben sie bereits das Sagen. Es ist die Generation, die in den spätbundesrepublikanischen Wohlstandsfieberschüben sozialisiert wurde. Keine Generation zuvor wuchs so umsorgt, versorgt und „technisch störungsfrei" auf, wie die in den Siebzigern Geborenen. Die neuen Konsum-, Marken- und Medienwelten standen während ihrer Kindheit und Jugend bereits seelversorgerisch Pate. Sie waren die ersten Abiturjahrgänge, die mit privaten Fernsehsendern aufwuchsen und mit ihnen in die Sphären einer von sich selbst entzückten Spaßgesellschaft abtauchten. Als Personal Computer, Fax, Mobilfunk, Internet, E-mail und Computerspiele die Zivilisationsbühne flächendeckend betraten, waren die ältesten dieser Jahrgänge gerade um Mitte zwanzig, die jüngsten etwa fünfzehn Jahre alt. Doch schon früher waren sie unbewusst Zeuge einer Zäsur: Als frühe Herolde der neuen Simplizität des Kindseins tauchten Anfang der Siebziger die Playmobilfiguren auf. Zunächst waren es recht einfältige Versionen, was die Optik anbelangte, doch die Identitäten der kleinen Einfaltspinselfiguren mit dem immergleichen Gesichtsausdruck wurden rasch um unzählige Outfits aufgemotzt. Das wirklich Neue an diesem Spielzeug war ihre Praktikabilität. Die Identität einer jeden Figur war sekundenschnell austauschbar. Der Polizist von gerade eben wurde mit wenigen Handgriffen zum Krankenpfleger, der Bauarbeiter trug binnen Sekunden die Uniform des Polizisten. Die „Instant-Image-Identitäten" waren (und sind es bis heute) durch simples „Umstecken" von Teilen realisierbar. Identitäten wandelten sich an ein und demselben Objekt in beliebigen Variationen. Die „Playmos" nahmen damit vieles vorweg, was in späteren Jahren als geflügeltes Wort im Berufsleben Karriere machen sollte: ‚Jeder ist ersetzbar'. Der Absatz dieser Figuren erreichte damals rasch schwindelerregende Höhen. Die marketinggesteuerte Playmobilwelt erfand und erfindet sich in immer wieder neuen Varianten neu und scheint endlos erweiterbar darin. Was seinerzeit nur wie ein neues Spielzeug daherkam, entpuppt sich im Rückblick als Einschnitt. Es war eine Zäsur, denn alles Spielzeug zuvor kannte weder dieses Ausmaß akribisch organisierter Uniformität noch die Beliebigkeitsorgie, die aus ein und derselben Figur bis zu zehn Charaktere zaubern konnte. Es war ein designerischer und ästhetischer Dammbruch in deutschen Kinderzimmern. Die Welt sah plötzlich sehr neu, aber dafür vollständig homogen aus. Vorbei die Zeiten von „Fort Laramie", dem nutellabraunen Plastik-Fort mit seinen Cowboy- und Indianerfiguren, die ein Leben lang das bleiben mussten, was sie waren: Cowboys und Indianer. Vorbei die Zeiten individueller Gesichtszüge bei den silberfarbenen Rittern von der Burg aus dem Quelle Versandhauskatalog, die je nach dem schmerzverzerrte oder kampfentschlossene Gesichtszüge offenbarten. Und: Playmos waren geschlechtslos, oder besser gesagt, geschlechtsneutral. Im Playmobilland wurde fortan gelächelt, Gesichtszüge waren der Gute-Laune-Norm unterworfen und gleichzeitig fiel das Barometer spielerischer Leidenschaften in den Kinderzimmern auf das Niveau eines Stiefmütterchengewächshauses: Alles sah nun gleich aus, aber dafür ausgesprochen bunt.

Was will ich damit sagen? Zumindest das: Eine Entscheider-Generation, die so aufgewachsen ist wie die Playmobil-Generation, stellt für jeden Aufträgeangler eine besondere Herausforderung dar. Ich bin mir durchaus bewusst, dass ich mit Verallgemeinerungen operiere, wenn ich behaupte, dass die Playmos mit Enthusiasmus recht wenig anfangen können. Das jahrzehntelange Abarbeiten von in Erfüllung gegangenen Wunschlisten zu allen möglichen Anlässen weckt keine besonderen Leidenschaften mehr. Sie waren die ersten „Knopfdruckkinder" dieser Republik, daran gewöhnt, dass alles lautlos und wie geschmiert funktioniert. Emotionale Höhenunterschiede sind ihnen fremd, Entscheidungen werden am liebsten über „remote control" getroffen. Nach meinen Erfahrungen ist es die erste Generation, für die Reflektionen einen zweifelhaften Ruf besitzen – sie sind an Fertiggerichte gewöhnt. Deshalb mein Rat, nicht allzu sehr auf Diskussionen zu setzen – es würde als Unsicherheit und nicht als Aufforderung interpretiert, verschiedene Wege zu evaluieren. Sie kommen damit nicht gut klar. Fix und fertige Optionspakete kommen dagegen gut an. Das ist ein weiterer Punkt. Playmobilfiguren verfügen einerseits über ein endloses Verwandlungsrepertoire, andererseits geht man mit ihrem Kauf kein kreatives Risiko ein. Man geht mit ihnen auf „Nummer sicher". Und deshalb ist genau diese Generation so verliebt in „Kreativität" – nicht aus kreativen Erfahrungen heraus, sondern wegen des verspürten Mangels daran. Sie bewundern und beklatschen Kreativität heute, aber urteilssicher sind sie auf diesem Terrain bei weitem nicht. Das bringt jeden kreativen Dienstleister in die Bredouille. Heute wird allen täglich eingeredet ‚Du bist kreativ!'. Somit fühlt sich heute jeder zur Beurteilung und Ausübung auf diesem Gebiet berufen. Davon können Werbeagenturen ein Liedchen singen...

Dennoch gibt es zuverlässige Techniken, diesen Entscheidertyp für sich einzunehmen. Mit einfachen (manchmal verblüffend einfachen) Mitteln lockt man ihn am ehesten aus der Reserve. Ihn faszinieren „Steckverbindungen": die Argumentationskette. „Logik" bedeutet für ihn oder sie: „Es muss halt passen." Bauen Sie zum Beispiel eine Präsentation nach dem Steckverbindungs-Prinzip auf, wird er ihnen brav folgen. Auch das Argument „hiermit oder damit auf der sicheren Seite zu stehen", erwirkt bei ihm ein heimeliges Bauchgefühl. Jetzt könnte der Einwand kommen: ‚Das gilt doch für viele Entscheider!' Richtig. Doch Playmos sehen sich in dieser Form der Veranschaulichung in ihrer Steckverbindungs-Weltsicht bestätigt – und darum geht es doch: Entscheider möchten sich bestätigt sehen. Jede Präsentation ist ein narzisstischer Akt. Die Frage ist: Wer darf Narziss sein? Besser nicht der um den Auftrag werbende Part! Vermitteln Sie Entscheidern das Gefühl, mit Ihnen auch die Bestätigung ihrer eigenen Sicht eingekauft zu haben. Nichts verbindet mehr („stecken") als die Erkenntnis ‚Der oder die denkt so wie ich'. Nach dieser Devise wählen wir unsere Freundschaften, und in dieser Atmosphäre führen wir auch am liebsten unsere Gespräche. Es ist allzu menschlich. Aufträgeangeln ist Menschenwerk. Das, was diesem Prozess am meisten schadet, ist eine völlig überflüssige Zwangsakademisierung. Wir können mit wissenschaftlichen Argumenten das rationale Gebäude errichten, doch wohnlich wird es darin erst durch Emotionen.

Damit kein falscher Eindruck entsteht: Es war nicht meine Absicht, speziell die Entscheidergeneration der Playmos in ein zweifelhaftes Licht zu rücken. Im Gegenteil, ich wählte sie bewusst aus, um zu veranschaulichen, dass es beim Aufträgeangeln weder um das Vermitteln hehrer Überzeugungen geht noch um einen Kompetenzwettbewerb! Um es noch einmal zusammenzufassen: Die Playmobil-Generation wird während der kommenden zehn bis zwanzig Jahre die Szenerie in den Entscheidertagen beherrschen. Sie wird, wie jede Entscheidergeneration vor und nach ihr, mit der Zeit an Erfahrungen reicher. Die Sozialisation ihrer frühen Jahre indes wird sie weiter begleiten. Wie jeder Generation, so wird man auch dieser ihrer spezifischen Merkmale wegen gerecht werden müssen. Es bleibt eben ein Unterschied, ob man als Prinzessin oder Prinz geboren oder dazu gewählt wurde.

Frustrierte Entscheider – Demotivierte Dienstleister

Denken ist schwer, darum urteilen die meisten.
Carl Gustav Jung, 1875-1961, Begründer der analytischen Psychologie

Die deutsche Entscheider-Anarchie gehört inzwischen fast schon zum Selbstverständnis einer „Entscheidungsfindung" in diesem Land. Kein Wunder, denn die Entscheider, die heute am Drücker sitzen, sind in Wahrheit oft gar keine. „Entscheider" kommt von „entscheiden", wie sich herumgesprochen haben dürfte. Und „entscheiden" heißt in der Konsequenz, einem oder wenigem Geltung zu verschaffen. Punkt. Zutiefst verunsichert von der Möglichkeit des Scheiterns in ihrer Position, von anderen, noch mächtigeren Kollegen stets beäugt, lavieren sie mit Dienstleistern wie mit einer Verhandlungsmasse. Schlimmer noch! Sie haben ein Feindbild konstruiert, das sie oft dazu hinreißt, Dienstleister nicht als Partner für Mehrwert zu betrachten, sondern auf sie herabzuschauen wie auf Laufburschen. Insgesamt hat sich eine Form des vertrackten und im Endeffekt sinnlosen Versteckspiels zwischen Unternehmen und Dienstleistern eingeschlichen, das nicht selten von einer Atmosphäre des gegenseitigen Misstrauens geprägt ist. Das hat viele Gründe. Einer davon lautet: Kostentransparenz, dicht gefolgt von tatsächlich vorhandenen, chronischen Umsetzungs- und Beratungsschwächen seitens des Dienstleisters. Da sehen sich Auftraggeber plötzlich in der Rolle des Aufpassers und Auftragnehmer in der Rolle des bis zum Unerträglichen kontrollierten Dienstmädchens für alles. Dass es soweit kommen konnte, dafür gibt es natürlich Gründe. Die zwei gravierenden lauten: eine epochale Schwäche in der Allgemeinbildung und bei Sozialkompetenzen sowie die Unsicherheit bei Budgeterstellungen und Budget-Erwartungen. Wenn ich hier „die Allgemeinbildung" anspreche, meine ich explizit das „Allgemeine" an dieser Bildung. Selten sind mir Menschen mit so großen Defiziten im persönlichen Umgang begegnet wie in der Altersgruppe der heute Dreißig- bis Vierzigjährigen in Deutschland. Irgendetwas muss da furchtbar schiefgelaufen sein. Mangelnde Schulbildung ist das eine, mangelnde Menschenkenntnis das andere. Diese Entscheidergeneration ist vollständig auf die technokratische Bewältigung von Aufgaben getrimmt. Von einem etwa vorhandenen Sinngehalt der Dienstleistung und ihres Wertes für ihr Unternehmen erfahren sie erst dann, wenn sich dieselben als zahlenmäßig erfassbare Resultate widerspiegeln. Vorher herrscht aufgeräumte Ahnungslosigkeit in Kombination mit beklommenen Hoffnungen. Als handele es sich bei der Partnerschaft zwischen Unternehmen und Dienstleister um die Reise zum Mittelpunkt der Erde. Eine Abenteuergemeinschaft auf dem Niveau von „Ferien auf Saltkrokan". Was diese Szenarien vor allem auszeichnet, ist die weit verbreitete Unfähigkeit zu strukturiertem Denken. Es herrscht eine hohlwangige Sowohl-als-auch-Geometrie, wenn es beispielsweise um die Formulierung von Zielen geht. Darüber hinaus wird eine unerträgliche Form der Schwammigkeit durch eine bewusst herbeigeführte Verflachung von Hierarchien bis in die letzten Entscheidungsstadien hineingetragen. Entscheiden wo's langgehen soll? Fehlanzeige. Das beliebte Spiel lautet dann: Simulation. Es wird ständig der kleinste gemeinsame Nenner gesucht – der gemeinsame? Das würde bedeuten, dass sich Entscheider und Auftragnehmer auf einen modus vivendi einigen - genau das geschieht aber nicht. Statt über die Sache zu reden, werden am laufenden Band Beurteilungen produziert – auf beiden Seiten des Tisches. Lieber wird diktiert, und der Part, der offensichtlich der Beratung bedarf, berät sich selbst in einer Art autistischer Affirmationstherapie, bei der die Auftragnehmer nur noch „Bahnhof" verstehen. Ich reibe mir dann verwundert die Augen. Wurde ich nicht als externer Berater hinzugebeten, um genau diese Solo-Gummi-Twist-Nummer zu verhindern? Hatte ich nicht ein für den Kunden zugeschnittenes Empfehlungs- und Handlungskonzept entworfen, mir vorher die Mühe gemacht, seine spezifische Situation zu bewerten und ihm auf dieser Grundlage ein Leistungsangebot unterbreitet, das er auch positiv bewertete? Ich habe einen Auftrag und werde gehindert, ihn auszuführen. Wie verquer!

Ich gebe zu: Auch Berater haben schon eine Menge Unheil angerichtet, das Thema füllt ja inzwischen meterlange Buchregale. Dienstleister bringen zwar liebend gern ihre Produkte an den Mann, aber die Beratungsleistung bleibt allzu oft in der Magerstufe hängen. Entweder verfügen sie nicht über entsprechende personelle Ressourcen oder sie haben diese Leistung im Preiskampf einfach herauskalkuliert, wie schlau. Die Quittung für diese Kurzsichtigkeit folgt meistens auf dem Fuße. Das Problem ist, dass sich die echten Entscheider oft hinter einem anderen Gesicht verbergen, da sie der Meinung sind, ihre Zeit nicht mit Dienstleistern verplempern zu müssen. Dann werden Marketing"leiter", Einkaufs"leiter" oder PR-„Chefs" vorgeschickt, um die Verhandlungen zu führen und die Aufgaben umzusetzen. Daher auch der Entscheidungsstau, da die entsprechenden Leute sich ewig rückversichern müssen und mit dem Bewusstsein arbeiten, letztlich nicht das entscheidende Wort zu haben. Genau dazu aber sind Entscheider da.

Eine andere, für eine Geschäftsbeziehung verhängnisvolle „Schiene" ist das „deciding-while-progressing". Hier stellen die engagierten Dienstleister verblüfft fest, dass ihre Auftraggeber über kein Konzept verfügen - ein Konzept, das beispielsweise über die Ziele der unternehmerischen Aktivitäten Aufschluss gibt. Die soll man am liebsten gleich mit formulieren – eine Managementleistung, die das Unternehmen selbst erbringen müsste, bevor es Externe zum Rapport ruft.

Wer nun einwendet, man müsse den Kunden doch dort abholen, wo er steht, dem muss ich entgegnen, dass Dienstleister kein Sammeltaxi für notorische Busverpasser sind. In diesem Fall sieht man sich nämlich der unangenehmen Situation ausgesetzt, Benutzern von Bussen, S- und U-Bahnen zu erklären, warum es so etwas wie Fahrpläne gibt. Das kann es nicht sein, und wenn diese Situation auftaucht, ist Vorsicht geboten. Doch allzu oft entpuppt sich erst nach Auftragsannahme die verklemmte Situation. Der Kunde redet mit Ihnen über sein Problem, als wären Sie bereits ein Teil desselben. Dieser Vereinnahmung in den internen Problemhaushalt des Kunden gilt es vorzubeugen. Damit keine Missverständnisse aufkommen: Natürlich zähle auch ich die Problemanalyse zu den originären Aufgaben eines Dienstleisters. Aber hier geht es nicht mehr um das Einholen einer externen Expertise und die anschließende Implementierung einer Lösung. Hier geht es um strukturelle Reparationsarbeiten im Unternehmen selbst. Dort aber hat das Management versagt, wenn erst beim Eintritt externer Kräfte offenbar wird, dass sich die Einbindung von Dritten in diesem Stadium als völlig verfrüht erweist. Dazu ein Beispiel:

Ein alteingesessener Möbelhersteller mit guten Kundenreferenzen, einer der wenigen, die noch überwiegend in Deutschland produzieren, stellt einen neuen Geschäftsführer ein. Der wartet auch nicht lange, um einige dringend erforderliche Strukturreformen anzupacken. Und da gibt es eine Menge zu tun. Die Produktpalette ist vollständig auf traditionelle Zielgruppen zugeschnitten, die Kunden kommen fast ausschließlich aus dem verbeamteten Mittelstand und repräsentieren die gutverdienenden deutschen Haushalte der alten Bundesrepublik. Das Preisniveau der Sortimentsmöbel bewegt sich entsprechend im mittleren bis höheren Bereich. Problem Nummer eins: Diese Kunden werden älter, sind zum Teil bereits im Pensionsalter, wo die Neigung zur Neuanschaffung von Möbeln deutlich sinkt. Wer mit Anfang sechzig noch einmal in ein funkelnagelneues Wohnzimmer mit allen Extras investiert, tut dies wahrscheinlich zum letzten Mal in seinem Leben. Daraus ergab sich das nächste Problem fast automatisch. Die Produktpalette ist material-, umwelt- und energietechnisch auf dem neuesten Stand. Doch die Optik nicht. Sie ist die Achillesferse des Sortiments, und zwar durchweg. Das Design ist zu bieder und strahlt weder für junge Familienhaushalte noch für den hohen Anteil von Singlehaushalten irgendeine Anziehungskraft aus. Die meisten ernstzunehmenden Wettbewerber waren an diesem Punkt weiter und erfreuten sich in den jüngeren zahlungskräftigen Ziel- und Stilgruppen steigender Beliebtheit. Damit nicht genug. Unser Möbelhersteller hatte auch die Marktentwicklung in der eigenen, mehrheitlich älteren Kundschaft glatt verpennt. Denn die heute über Sechzigjährigen, oft noch mit guten Altersbezügen ausgestattet, halten sehr wohl Ausschau nach Design-Trends, auch (und gerade) in der Einrichtungslandschaft. So war die Falle zugeschnappt. Der traditionsreiche Hersteller befand sich in der klassischen „Lose-Lose-Situation". Verjüngt er sein Sortiment optisch und kommuniziert das auch in seiner Werbung, verliert er seine alte Kernkundschaft. Und will er andererseits „für jeden etwas" im Sortiment haben, um ältere und jüngere Käuferschichten anzulocken, wird er dennoch die bestehende Klientel irritieren und gleichzeitig für junge Käuferschichten nicht überzeugend genug sein. Was man auch tut in dieser Lage, man kann nur verlieren; ein echtes Positionierungsdilemma. Die Zahl der zur Verfügung stehenden Marketingoptionen sinkt praktisch auf null. Das war das Ergebnis einer jahrelangen, wenn nicht gar jahrzehntelangen Ignoranz des Managements, wie wir sie leider nur zu oft in den traditionellen Industrien des Landes antreffen.

Um es kurz zu machen: Der neue Geschäftsführer ließ sich von der Werbeagentur ein neues Werbekonzept präsentieren. In zahlreichen Vorgesprächen dämmerte es uns dabei, dass das Management seine grundlegenden Hausaufgaben noch nicht einmal begonnen hatte, wenn auch der neue Mann an der Spitze das Dilemma erkannte und nach allen Seiten Befreiungsschläge inszenierte. Er ging in seinen Gedanken sogar soweit, die Firma völlig umzukrempeln – vom klassischen Fach-Einzelhändler hin zum Werkverkaufsanbieter. Er setzte es auch um, schloss nach und nach die Stadtfilialen und konzentrierte sich auf den Verkauf ab Werk. Doch während dies alles geschah, verging viel Zeit. Er staffierte die Filialen dennoch mit neuen Werbemitteln aus, ließ Anzeigen entwerfen und schaltete sie in der Tagespresse. Seine Werkverkaufspläne verfolgte er zielstrebig weiter. Und nun kommt der Punkt, den ich anfangs angesprochen habe. Die Agentur mutierte in Nullkommanichts zur Unternehmensberatung. Wir erfuhren von den Widerständen des Senior-Managements gegen die Pläne des jungen Geschäftsführers, die dieser aber zu überwinden schien. Wir erfuhren von den völlig verunsicherten Außendienstmitarbeitern, die gar nicht mehr wussten, wo der Hase lang lief und wir bemerkten vor allem eins: die Produkt-Revolution blieb aus oder spielte sich nur im mikroskopischen Wahrnehmungsbereich ab. Von einer Neupositionierung, wie sie ein Werkverkaufskonzept unbedingt gefordert hätte, keine Spur. Der Mann hatte sich einfach übernommen. Seine Kommunikationsdienstleister sahen das erst wenige Monate alte Werbekonzept bereits vom Winde verweht. Von einem neuen Geschäftskonzept seitens der Geschäftsführung war nichts zu sehen. So war es unmöglich, für etwas zu werben, das es (noch) gar nicht gab (aber vielleicht dann doch, später mal). Eine verworrene Geschichte, aber klar in der Aussage und Konsequenz. Wenn die Hausaufgaben im Unternehmen selbst nicht gemacht werden, kann auch die beste Werbeagentur aus einem Eierschneider keine Harfe basteln. Im Grunde war hier ein totaler unternehmensstrategischer Neuaufbau fällig. Der beste Partner für diese unausweichliche Aufgabe wäre eine gestandene Unternehmensberatung mit Branchenerfahrung gewesen. Erst damit wäre der Grundstein für die Arbeit nachfolgender Dienstleister gelegt.

Gegen Frust hilft nur eins:
Pflegen Sie den ehrlichen und offenen Umgang mit Ihren Kunden

Als Dienstleister wird man früher oder später mit Defiziten jenes Unternehmens konfrontiert, für das man tätig ist. Auch wenn diese Defizite die eigene Arbeit (noch) nicht direkt berühren, arbeiten sie sich doch im Bewusstsein ihren Weg an die Oberfläche. Sie spielen früher oder später eine Rolle auch für Ihre Arbeit. Ob Sie nun als neuer Netzwerkadministrator engagiert wurden und dabei entdeckten, dass ein Viertel der Belegschaft die Abläufe nicht kapiert, da entsprechende Schulungen nie stattfanden, oder ob Sie als Logistiker feststellten, dass der Vertrieb durch ungenaue Protokolle die Auslieferung der Waren erheblich verzögerte: Überall gibt es Defizite, die einer Lösung harren. Da helfen auch Scheuklappen nicht weiter - Sie müssen es zur Sprache bringen. Wenn zum Beispiel eine Werbeagentur die Außendienstmitarbeiter eines Softwareunternehmens mit neuen Präsentations-Unterlagen ausstattet und in Briefing-Gesprächen mit den Verkäufern feststellt, dass die letzte Außendienstschulung fünf Jahre zurückliegt, sollte der Kontakter der Agentur wissen, was zu tun ist: Er redet mit der Geschäftsführung des Unternehmens über das Problem. Auch wenn eine Werbeagentur diese Schulung nicht selbst durchführen kann, gehört es zu meinem Verständnis eines Dienstleisters, der Geschäftsführung Wege aus dem Defizit aufzuzeigen, es überhaupt zur Sprache zu bringen. Oft schon ging ich mit einer Liste von Fachbüchern in Meetings hinein oder sprach Empfehlungen für andere Dienstleister aus. Ich kenne an diesem Punkt keine Berührungsängste, warum auch? Die Frage ist doch: Was zeichnet mich als „Mehrwerter" aus? Hier geht es auch um das Selbstbild. Es geht nicht darum, sich Kenntnisse oder gar Lösungskompetenzen anzumaßen, die man nicht besitzt. Doch ich kenne keinen Geschäftsführer oder Vorstand, der gute Ratschläge, Empfehlungen und Hinweise auf Defizite brüsk zurückweisen würde. Dass man dabei nicht schulmeisterhaft auftritt, versteht sich von selbst.

Und dass man nicht gleich am dritten Tag nach dem Kennenlernen mit einem Schwall von „man müsste und man sollte" daherkommt, leuchtet auch ein. Kunden sind eine sehr dankbare „Spezies", sie sind schlicht auch Menschen. Jeder ist dankbar für Hinweise, gerade vom außenstehenden Dritten werden sie gerne angenommen. Die meisten Menschen merken sehr wohl, wenn Hilfe uneigennützig und ohne Rechnungslegung geleistet wird. Dabei ist diese Hilfe nicht uneigennützig, denn die Verankerung Ihrer Person im Unternehmen wächst durch Mehrwerte. Mehrwerte entstehen, wenn Sie als Dienstleister über das vereinbarte Leistungsvolumen hinaus von Nutzen sind. Das bedeutet nicht, dass Sie sich ausnutzen lassen. Es bedeutet, dass Sie Ihren universellen Nutzen für ein Unternehmen oder einzelne Personen demonstrieren. Es bedeutet im Endeffekt die Festigung Ihrer Person oder Ihres Unternehmens im Gefüge dieses Unternehmens. Der Grad der Verzahnung steigt – Kundenbindung aktiv betrieben.

An dieser Stelle noch ein Wort zur Allgemeinbildung. Wer eine gute besitzt, ist klar im Vorteil. Die Zeiten, in denen Dienstleistungen als „Take-away-Event" gesehen werden, sind vorbei. Jede Dienstleistung lebt von der Persönlichkeit dessen, der sie verkörpert und umsetzt. Der Frontmann oder die Frontfrau hat für den Auftraggeber eine weitaus höhere Bedeutung als „nur" Dienstleister für bestimmte Zwecke zu sein. Was Unternehmen immer häufiger in einem Dienstleistungspartner suchen, ist der „Blick des Dritten" auf sein Ganzes. Dienstleister mit einer guten Allgemeinbildung avancieren immer öfter vom „Entscheidungsanbahner" zum „Entscheidungsberater" des Unternehmers, und das meine ich durchaus wörtlich. Eine ausgeprägte Allgemeinbildung schafft das Fundament für Vertrauen zwischen Auftraggeber und Auftragnehmer auf einer höheren Ebene. Je mehr davon spürbar wird, um so häufiger wird sich Ihr Kunde mit Ihnen treffen, Ihren Rat suchen. Das ist ein gutes Zeichen für jeden Dienstleister. Ich habe erlebt wie ein kleiner, regional tätiger Messebauer einem namhaften Zulieferer der Automobilindustrie ein Farbkonzept für die Gäste-Lounge eines Messestands vortrug – ganz nebenbei auf einer Veranstaltung eines Marketingclubs. Der Chef des Messebauunternehmens beschäftigte sich privat mit der Malerei. Sie war neben seiner Firma die große Leidenschaft in seinem Leben. Der am Tisch anwesende Marketingvorstand des Zulieferers fragte interessiert nach. Was der Messebauer nicht wissen konnte: Die Marketingabteilung des Zulieferers bereitete gerade einen Messeauftritt des Unternehmens in Italien und Großbritannien vor. Eine Werbeagentur sollte mit der visuellen Ausarbeitung der beiden Stände beauftragt werden und war mit ihren Erstentwürfen durchgefallen. Ich war Zeuge dieses Gesprächs und von den farbpsychologischen Kenntnissen und Erklärungen des Messebauunternehmers selbst sehr angetan. Was er sagte, klang gut, fundiert und vor allem: leidenschaftlich kompetent. Diesem Mann konnte man mehr zutrauen als den technischen Aufbau eines Messestands. Er erhielt noch am selben Abend eine Einladung des Marketingvorstands, und nach 14 Tagen standen beide Messestände als Modell in seinem Büro. Der Messebauer erhielt die Aufträge, beide Versionen waren an ihren jeweiligen Messeorten ein großer Erfolg. Bis heute gehen die Messestandaufträge des Automobilzulieferers an dieselbe Adresse - das letzte Projekt hieß „Messestand Shanghai". Ich zähle eine gute Allgemeinbildung zu den Persönlichkeitsmerkmalen eines Dienstleisters, sie sollte der mentale Fahrtenschreiber seines Selbstverständnisses sein. Immer wieder zeigt sich, dass auch Krisen in der Kundenbeziehung durch ein breites Wissen und ein durchwirktes Persönlichkeitsprofil abgefedert oder sogar im Anfangsstadium reguliert werden können. Wer als Dienstleister einem neuen Kunden gegenübersteht, tut gut daran, sich schnellst möglich einen Gesamtüberblick über die Situation des Kunden zu verschaffen. Das kann nur gelingen, wenn man die entscheidende Dienstleistungskomponente auf dem „ff" heraus beherrscht: Zuhören.

Das erste Treffen
Wer jetzt zuhört, macht das Rennen

„Zuhören", das klingt in den Ohren vieler wie „erdulden". Falsch. Der Zuhörer erweist sich heute als der erfolgreichere Therapeut. Zuhören können – ein Wesensmerkmal überlegener Charaktere. Es bedeutet nicht zu schweigen. Wir leben in einer Zeit, in der sich jeder berufen fühlt, etwas „zu sagen", etwas „ mit beizutragen", „klarzustellen", „eine Meinung zu haben". Es gilt als Ausweis der Befähigung, im „Zeitalter der Kommunikation" mitmischen zu können. Ich habe an dieser Stelle nur ein paar Phrasen eines fürchterlichen Missverständnisses aufgezählt. Offenbar wurde und wird hier einiges verwechselt. Die Tatsache, dass uns bei allen möglichen TV-Events jemand um unsere „Meinung" zu irgendeinem hirnverbrannten Stuss bittet, kann wohl nicht bedeuten, dass wir uns ständig als hörige Absonderer profilieren müssen. „Kommunikation" – in grauer Vorzeit bedeutete das, zuhören und antworten können. Mir drängt sich seit geraumer Zeit der Gedanke auf, dass inzwischen alle, die ihren Mund halten und zuhören können, einer sonderbaren Spezies zugeordnet werden. Stattdessen macht die „Logorrhoe" die Runde - von heftigen Plapper-Spasmen begleitet. Ich beobachte dieses Phänomen wie viele andere auch mit Unbehagen, und es beunruhigt mich, dass dieser Sprechdurchfall nun auch die Dienstleistungsbranche befällt. Ausgerechnet dort scheint man zu vergessen, dass Unternehmen sich in der Erwartung an externe Kräfte wenden, dass man ihnen zuhört. Ich wiederhole: ZUHÖRT. Aus irgendwelchen Gründen verkümmert diese Kulturtechnik zusehends. Vielleicht liegt es an der rapide steigenden Zahl von Kommunikationsmöglichkeiten, dass der Drang zur verbalen Selbstdarstellung inzwischen so stark geworden ist, dass Kunden in den entscheidenden Augenblicken gar nicht mehr zu Wort kommen. Diesen Kardinalfehler machen viele, wenn sie ihrem prospektiven Kunden zum ersten Mal begegnen. Ein schlimmer Anfängerfehler, wie ich finde, den Sie unbedingt vermeiden sollten. Denken Sie daran: Man hat Sie zu einem Gespräch eingeladen, da ihr erster Brief (und vielleicht ein nachfolgendes Telefonat) einen guten Eindruck hinterlassen haben. Und nun treffen Sie den ersehnten Entscheider und erzählen nur von sich, von dem, was sie schon alles getan haben und am liebsten tun würden. Natürlich haben sie auch eine Mappe, eine Beamer-Präsentation und einen Stapel Broschüren dabei. Das stellen Sie alles auf den Tisch des Gastgebers und legen los. Der sitzt hinter seinem Schreibtisch, mustert sie, nippt an der Kaffeetasse und hört Ihnen geduldig zu. Manchmal lassen Sie ihm die Gelegenheit nachzufragen, Sie beantworten die Fragen zügig und spulen weiter ihr Programm ab. Doch so wird das nichts. Denn am Ende wird er oder sie ein paar freundliche Bemerkungen machen, vielleicht noch den einen oder anderen Hinweis auf sein Problem wagen, (eigentlich wollte er mit Ihnen darüber reden!) und man trennt sich mit den Worten: „Jaaaa, das war sehr interessant, was Sie da erzählt haben. Ich habe Ihre Visitenkarte und ich melde mich bei Ihnen, wenn wir Bedarf haben. Auf Wiedersehen!" Und als reichte das noch nicht, fügt er rasch hinzu: „Sie finden alleine wieder raus?". Natürlich finden Sie alleine wieder raus. Spätestens im Auto überlegen Sie, warum so wenig bei diesem Gespräch herauskam. Ich kann es Ihnen sagen: Ihr Wortanteil an der Unterredung betrug mehr als 40 Prozent. Das killt jede Konversation, erst recht, wenn Sie jemand einlädt, um mit Ihnen über sein Anliegen zu reden. Ihr Leistungsportfolio kannte er bereits im Vorfeld des Treffens. Was er im Gespräch sucht, ist die innere Einstellung zu Ihnen als potenziellem Partner. Noch einmal: seine innere Einstellung zu Ihnen als potenziellem Partner.

Wonach halten Entscheider wirklich Ausschau?

Knappe Antwort: nach einem Gesprächspartner. Natürlich möchte er sehen und hören, wie Sie präsentieren, argumentieren und reagieren. Sonst hätte er den Termin nicht vereinbart. Doch oft begeht der Eingeladene schon im Vorfeld dieses Termins einen fatalen Denkfehler: Er möchte von sich reden, von dem was er kann und bereits geleistet hat. Er vergisst dabei, dass nicht er die Regie bei diesem Erstgespräch führt, sondern der Einladende. Ein folgenschwerer „Gehörfehler". Versetzen Sie sich in die Lage des Gastgebers. Wenn Ihnen das gelingt, werden Sie schnell begreifen, worum es ihm in erster Linie geht: Er will, dass Sie ihm zuhören. Gehen wir die Etappen, die zu diesem Termin führen, einmal in Ruhe durch.

Sie schreiben einen Brief an ein Unternehmen, für das Sie oder Ihr Unternehmen gerne arbeiten würde. Danach rufen Sie an, denn sie haben es so in Ihrem Schreiben angekündigt. Schon am Telefon klingt die Sache gut, Ihr (noch) unbekanntes Gegenüber am anderen Ende der Leitung zeigt sich interessiert und geht auf Ihren Vorschlag ein, sich persönlich zu treffen. Tag und Uhrzeit werden rasch ermittelt – Sie haben den ersten und wichtigsten Schritt erfolgreich getan. Eine Hürde ist genommen. Sie haben während des Telefonats einige für Sie wichtige Informationen sammeln können. Der prospektive Kunde hat Ihnen sein Problem oder Projekt in groben Zügen geschildert. Diese Einladung ist die große Chance, und Sie sind fest entschlossen, sie zu nutzen. Dann ist der Tag da. Sie haben sich vorbereitet. Aber auf was? Fragen Sie sich das gewissenhaft und beantworten Sie folgende Fragen, bevor Sie zu diesem Termin gehen:

• Warum hat mich dieser Entscheider eingeladen?
• Welchen möglichen Nutzen sieht er in meiner Dienstleistung?
• Kann ich meine Referenzen vor Ort dokumentieren, wenn ja, wie?
• Welches spontane Angebot kann ich ihm während des Gesprächs unterbreiten?
• Bin ich bereit, eine Vorleistung zu erbringen?

Ihre Antworten auf diese sechs Fragen sind meines Erachtens eine sinnvolle „Munition" für jedes Erstgespräch. Warum, liegt auf der Hand. Denn während des Gesprächs wird Sie Ihr Gastgeber mit folgenden Aussagen und Fragen konfrontieren:

- Warum er Sie eingeladen hat (er spricht hier erstmals detailliert über sein Anliegen)
- Er sagt Ihnen, welche Ihrer Leistungen ihn interessieren
- Die Frage: „Was haben Sie für unsere Branche schon gemacht?"
- Er schildert eine Sache, die ihm unter den Nägeln brennt
- Er wird Ihnen die Frage stellen: „Was schlagen Sie in diesem Fall vor?"
- Die Frage: „Könnten Sie mir da Lösungsvorschläge ausarbeiten?"
- Die Frage: „Wären Sie bereit, das erst einmal unverbindlich zu tun?"

Die beiden letzten Fragen fallen oft in einem Atemzug – so oder so ähnlich. Ich habe es x-mal erlebt, dass zu Beginn einer Neukundenbeziehung solche Fragen einen zentralen Charakter für die Fortsetzung des Kontakts generell besitzen. Sicher, man muss hier von Fall zu Fall entscheiden, es gibt keine Antwortschablonen in dieser Situation. Doch ich gestehe, dass ich auf die beiden letzten Fragen meistens positiv reagiert habe. Ein kurzes analytisches Exposé, zwei, drei grafische Entwürfe, Modellrechnungen, Statistikmaterial oder eine grobe Wettbewerberanalyse – ist das große Ziel den Aufwand etwa nicht wert? Bedenken Sie bitte, dass das erste Gespräch mit Entscheidern tatsächlich das entscheidende ist. Worauf kommt es nun an? Ich meine, darauf:

- Den gesponnenen Gesprächsfaden nicht abreißen zu lassen
- Sich vor dem Treffen schon entscheiden, ob man Vorleistungen erbringen will
- Unter allen Umständen die Grundlage für ein zweites Treffen schaffen

Unser Ausgangspunkt war: Ihr Gastgeber sucht einen Gesprächspartner. Das bedeutet, dass Sie ihn zunächst reden lassen. Es liegt in Ihrem Interesse, Ihren Gesprächspartner kennen zu lernen, und das funktioniert nur, wenn er aus sich herauskommt. Doch mit dem „Reden lassen" ist es natürlich nicht getan. Zuhören ist eine Eigenschaft überlegener Charaktere, ich erwähnte es bereits. Warum „überlegen"? Die Antwort darauf legt uns der Begriff nahe. Während wir zuhören, überlegen wir. Das ist die Taktik, den „Fisch" an den Köder zu bringen. Und es kommt dem Zuhörer zugute, wenn er sich nicht gezwungen sieht, mittels einer Wortinflation Profilierungsübungen zu absolvieren, sondern während des Zuhörens den Verlauf des Gesprächs gedanklich weiter voranzutreiben. Dass der Gastgeber Ihre Fähigkeit zuzuhören schon nach wenigen Minuten bemerkt, wird ihm gefallen, wobei „zuhören" nicht gleichzusetzen ist mit ewigem Schweigen. Ziel dieser ganzen „Veranstaltung" ist es, das Gespräch in einer Weise zu gestalten, dass ein zweiter Termin für den Entscheider praktisch unausweichlich wird! Wenn Sie jetzt bereit sind, mehr zu geben, als der Gastgeber erwartet, nehmen Sie die Hürde des Unverbindlichen und bringen so Verbindlichkeiten ins Spiel. Und es klingt zunächst paradox: Durch Unverbindlichkeiten schafft man Verbindlichkeiten. Dieses erste Treffen ist entscheidend, man kann es nicht oft genug sagen. Sie werden „taxiert". Kann ich mit ihr oder ihm oder ihnen? Das wird sich der Entscheider während des Gesprächs mehrmals fragen. Ihnen ist das auch klar, denn Sie beobachten ihn ebenfalls und stellen sich dieselbe Frage. Doch, bitte: Richten Sie Ihr Denken in diesen 60 Minuten nicht nach dieser Frage aus. Überhaupt sollten Sie Ihre Sympathie-Antipathie-Sensoren auf Sparmodus herunterfahren und sich ausschließlich mit sachlichen Gedanken beschäftigen. Das könnte man beispielsweise am Vortag üben. Es geht um einen Auftrag, einen neuen Kunden. Jeder Gedanke an die Sympathieskala ist reine Zeitverschwendung. Es ist ein irrationaler Bereich und man kann die Dinge auf diesem Terrain nur geringfügig beeinflussen. Bleiben Sie konzentriert und sachlich. Antipathien schwingen rasch aus, Ihrem Gegenüber bleiben sie nicht verborgen. Legen Sie „Sperrgedanken" auf die Hutablage, denn es wird nicht der letzte unsympathische Entscheider sein, der Ihnen in Ihrer Selbständigkeit begegnet. Und wer weiß: Auch Krokodile werden manchmal handzahm mit der Zeit...

Ein letzter Punkt noch. Das äußere Erscheinungsbild. Im Ausland (und nicht nur im westeuropäischen!) ist das kein wunder Punkt. Es wird nicht diskutiert, wie man zu geschäftlichen Anlässen aufkreuzt. Wer in Paris, Shanghai, Moskau, Bombay, London oder New York zum Kunden geht, taucht dort „businesslike" auf. Dasselbe gilt auch für die Kleinstädte dieser Länder. Bei uns liegen die Dinge offenbar anders, wenn es um das „korrekte Äußere" geht. Getreu dem deutschen Motto ‚Was im Verein nicht geklärt werden kann, muss zur Wissenschaft erhoben werden', diskutieren hier erwachsene Menschen allen Ernstes darüber, ob man bei geschäftlichen Präsentationen den Anzug oder die Designerjacke von Adidas aus dem Schrank holt. Da nehme ich auf eigene Worte Bezug und meine, dass eine formale Kleidung den sachlichen Charakter einer geschäftlichen Zusammenkunft nur noch unterstreicht, während „Emo-Kleidung" irritierend wirkt. „Emo-Kleidung", das sind Kleidungsstücke, die wir aus emotionalen Beweggründen ausgesucht haben, die wir in der Freizeit tragen, die wir als unsere „private Haut" überstreifen. Um es kurz zu machen: Ich empfehle Kleidung, die unsere Schultern als solche erkennen lässt, Konturen und Knöpfe aufweist und aus Stoffen genäht wurde, die jenseits des Berufsbekleidungsfachgeschäfts anzusiedeln sind. Also keine Jeans, keinen Zimmermannscord, keine Maler- und Lackiereroutfits oder gar ausgemusterte Bundeswehr-Camouflage mit abgetrenntem Deutschlandfähnchen am linken Oberarm. Auch die von Designern veredelten Versionen dieser Handwerker- und Buschkämpfermoden wirken nicht wirklich originell beim ersten Kennenlernen. Die Zeiten der Gucci-Tank-Girls oder Prada-Colonels ist, zumindest im Geschäftsleben, fürs erste vorbei. Wer Schnallen, Reiß- und Klettverschlüsse, Druckknöpfe oder Munitionsgürtel mit Platinpatronen zum ersten Kundentreffen spazieren trägt, wird damit bei seinen überwiegend beanzugten oder bekostümten Gesprächspartnern keine Extrapunkte ernten. Dies ist kein Outfit-Dogma, sondern eine kleine Anleitung für die Unkompliziertheit im Umgang miteinander. Wenn man sich mal näher kennt, sieht die Sache vielleicht anders aus. Im Übrigen: Mich hat ein Anzug noch nie davon abgehalten, dem Klischee des „Anzugträgers" nicht zu entsprechen, wobei dieses Klischee ohnehin ein albernes 68er-Relikt darstellt. Die 68er selbst sind ja nun schon bei Nadelstreifen-Dreiteilern angekommen und es spricht wenig dafür, dass sie sie wieder gegen Turnschuhe vom Discounter eintauschen werden. Also warum sollten junge Männer sich als Snowboardausleiher verkleiden und junge Frauen als H&M-Janis-Joplins ihr Debüt geben? Ach so, die Kreativen in den Werbeagenturen genießen da offensichtlich noch immer Bestandsschutz, aus welchen Gründen auch immer. Etwa, weil sie „kreativ" sind? Wer seine Kreativität an seinem „Outfit" messen lässt, hat ohnehin ein Problem.

SEQUENZ III

IHR AUFTRAG:
AUFTRÄGE ANGELN!

@ Web 2.0
Internet • Homepage • E-mail • Weblogs
Online-PR • Newsletter

Hinter diesen Begriffen verbergen sich neue Optionen einer zeitge-
mäßen Selbstvermarktung. Sie sind in ihren aktuellen Anwendungen
sehr, sehr jung. Und doch ist unsere Welt ohne sie nicht mehr vorstell-
bar. Es geht weniger um „Schnelligkeit" oder eine „Allgegenwart" von
Informationen. Wir spüren, dass sich unser Radius erweitert. Wenn wir
wollen, ist jeder Einzelne von uns innerhalb weniger Minuten einem
Millionenpublikum präsent – unabhängig davon, ob es uns „kennt"
oder nicht. Das ist kein Wert an sich, nur eine Tatsache.Dieses neue
Bewusstsein spornt an und gibt zu Hoffnungen Anlass. Vor allem zu
dieser: über Online-Strategien Einfluss auf Entscheider und Entscheidungen zu nehmen. Bislang geltende Zugangsprivilegien zu den Medien verschwinden. Neue Gesetzmäßigkeiten entstehen und mit ihnen
ein ungeheurer Chancenreichtum für jeden Selbständigen.

Zunächst ist da natürlich das Internet als das Informations- und
Kommunikationsmedium. Dass Sie als Aufträgeangler das Internet als
Teil ihrer unternehmerischen Agitationsplattform betrachten, setze ich
hier einfach mal voraus. Inzwischen haben die meisten professionellen
Menschen eine gesunde Distanz und eine nützliche Nähe zu diesem

Medium aufgebaut, der praktische Umgang mit dem Internet ist für Millionen Nutzer zur täglichen Routine geworden. Hier ein paar Zahlen, die verdeutlichen, wie dieses Medium seinen Platz im geschäftlichen und privaten Alltag behauptet und ständig weiter ausbaut:

Mit einer bundesweiten Reichweite von knapp 60 Prozent wird das Netz von rund 37,5 Millionen Deutschen genutzt. Davon sind 55,7 Prozent Männer und 44,3 Prozent Frauen. Sie holen in der täglichen, durchschnittlichen Nutzung gewaltig auf. Bei jüngeren Nutzern bis 39 Jahre ist der Anteil der Geschlechter fast gleich. Die nach Alter geteilte Nutzung im Einzelnen: 20- bis 29-Jährige: 19 Prozent, 30- bis 39-Jährige: 23,5 Prozent und bei den 40- bis 49-Jährigen liegt der Anteil bei 21,2 Prozent. Beeindruckende 90 Prozent der Nutzer gehen von zu Hause aus ins Netz, doch 35,4 Prozent auch vom Arbeitsplatz aus, wobei man hier klar sehen muss, dass viele ihren beruflichen Tätigkeiten auch von zu Hause aus nachgehen. Die deutschen Internetnutzer gehen im Schnitt viermal wöchentlich ins Internet, und ein Nutzungsvorgang dauert im Durchschnitt 74 Minuten. *(Quelle: AGOF – Arbeitsgemeinschaft Online-Forschung e. V., Stand: April 2006).* Es sind zweifellos stattliche Zahlen, die sich in den kommenden Jahren noch steigern werden. Als Selbstständige nutzen wir das Internet noch viel zu selten als Aktivmedium. Wir nutzen es als „einströmendes Kapital" – aber lassen wir es auch für uns arbeiten? Reden wir über die wichtigsten Online-Instrumente, die längst bekannten und neuen Möglichkeiten.

Homepage

Eine pure Selbstverständlichkeit, dass Sie eine eigene besitzen und up-to-date halten. Das gilt natürlich besonders für Starter in die Selbständigkeit – ganz gleich, unter welchen Vorzeichen sie am Marktgeschehen teilnehmen. Wer keine Homepage hat, ist von vorgestern. Warum das so ist, beantworten die Erwartungen Dritter an Sie von selbst:

Sie stellen sich mit Ihrer Homepage persönlich vor, der Besucher macht sich dort ein erstes Bild von Ihnen. Er weiß nach dem Besuch Ihrer Website, was Sie tun und welchen Nutzen er aus Ihren Dienstleistungen und Produkten ziehen könnte. Und bitte: Ihre Homepage ist Ihr Gesicht in der Welt der schnellen Beurteilungen und Kontaktanbahnungen. Sorgen Sie sowohl inhaltlich als auch visuell dafür, dass diese Visitenkarte einen guten Eindruck macht. Nie mit Halbheiten ins Netz gehen, nach dem Motto „Den Rest mach' ich später mal". Wie heißt es so schön im Englischen: „There's only one chance for first impressions!". Eins noch: Nicht jeder von uns ist ein guter Texter, und selbst gute Texter scheitern manchmal daran, sich selbst darzustellen. Sollten Sie sich das Texten Ihrer eigenen Homepage nicht zutrauen, geben Sie die Sache einem Profi in die Hand. In einem zweistündigen Gespräch hat er die wichtigsten Informationen notiert und wird sich an die Arbeit machen. Zwischendurch briefen Sie ihn weiter, schieben Informationen nach, beantworten seine Fragen. Verlassen Sie sich lieber auf das konzeptionell-textliche Können eines Werbetexters. Dasselbe gilt für das grafische Gesamtbild Ihrer Homepage. Hier soll (und muss) ein Grafiker ran. Vielleicht ist der Programmierer der Website auch in der Lage, den grafischen Part der Homepage zu erledigen, um so besser. Farben, Schrifttypen, überhaupt das Thema „Corporate Design / Corporate Identity" wird Ihnen früher oder später ohnehin begegnen. Je früher, desto besser. Das äußere Erscheinungsbild Ihres Unternehmens, ihrer selbständigen oder freiberuflichen Existenz, ist von zentraler Bedeutung. Hören Sie den Experten zu, Sie profitieren davon. Was den Umfang Ihrer Internetpräsenz angeht, ist eigentlich nur soviel zu sagen: Stellen Sie das ein, was notwendig ist, überladen Sie die Homepage in keinem Fall mit Informationen. Info-Wüsten gehen den Besuchern auf die Nerven, und mit einem Klick sind Sie weg vom Fenster, wortwörtlich zu nehmen. Wichtig ist eine übersichtliche Struktur, eine gute „Nutzerführung", das heißt, der Besucher kann sich mit wenigen Klicks die Informationen holen, die er braucht. Je nachdem, auch zwei- oder dreisprachig. Noch ein Hinweis: Ihre Homepage ist eine Kontakt- und Informationsplattform, nicht mehr und nicht weniger. Keine überdrehten Spirenzchen, bitte, sondern klare, sachliche Informationen sind hier angezeigt. Wer hier unbedingt „witzig" oder originell sein möchte, muss wissen, dass die meisten Besucher Sie nicht persönlich kennen – und Sie die Besucher nicht. Wer weiß schon genau, welcher Humor wo und wie gut ankommt? Keiner, also Finger weg vom aufgezwungenen Lachbefehl. Ihre Homepage ist ein „Ort", den Sie jederzeit als Referenz nennen können, von dem Sie wissen: Da stimmt alles. Das beruhigt und erhöht die persönliche Auftrittssicherheit. Ja, das war's auch schon zum Thema Homepage. Jedes weitere Auswalzen würde bedeuten, alte Hüte aufzubürsten und sie als neue zu verkaufen. Die Homepage ist ein Muss, und mit ein bisschen Phantasie und guter Beratung durch Dritte kriegen Sie das relativ schnell hin.

E-mails

Wir nutzen sie jeden Tag. Im Jahr 2007 wird die Zahl versendeter E-mails weltweit bei über 40 Milliarden liegen. Statistisch verbringt jeder Erdbewohner gut dreißig Minuten am Tag damit, E-mails zu versenden oder erhaltene zu lesen. Es ist *das* Kommunikationsmittel im geschäftlichen Alltag schlechthin, neben dem Telefon. Im „normalen" Geschäftsverkehr nutzen wir sie, ohne weiter darüber nachzudenken, doch wie sieht es damit aus, via E-mail auf Kundenfang zu gehen? Problematisch. Denn jede „unerwünschte E-mail" ist Spam, also ungebetener Infomüll. So sieht die Rechtsprechung das, da hilft kein Ignorieren. Darüber sollte man sich im Klaren sein, wenn man per E-mail Privatpersonen oder Unternehmen ungefragt „Angebote" unterbreitet. Es gibt in der deutschen und europäischen Gesetzgebung noch immer „Justierungen" zu diesem Thema, denn das Problem „Spamming" (unbekannte Empfänger mit ungebetenen Informationen zu belästigen) ist – aus der Perspektive der Juristen – noch recht neu. Doch die unglaubliche Zunahme von unerwünschten Mails hat zu einer Klageflut geführt, deren sich nun der Gesetzgeber und die Rechtsprechung annehmen müssen. Bitte gehen Sie auf dem Gebiet der E-mail-Werbung keine Risiken ein. Zu unterschiedlich können vor Gericht die Bewertungen

Ihres Handelns ausgelegt werden. Der eine schreibt eine freundliche Mail an hundert Firmen und macht zunächst gute Erfahrungen damit, der nächste fängt sich schon nach der zehnten Mail eine Klage ein – so kann's kommen. Denn grundsätzlich fallen diese „Werbemails" in die Kategorie der „vom Empfänger weder gewollten noch erwarteten Nachrichten". Geht es in Ihren Mailings sogar um Produktangebote mit direkten Kaufmöglichkeiten à la „click-and-buy", wird's ganz haarig. Ich gebe hier ausdrücklich keine Rechtsberatung, das darf ich auch gar nicht. Doch das Urteil des Oberlandesgerichts Düsseldorf in einem „Spamming"-Verfahren aus dem Jahr 2004 sollte man kennen. Den Wortlaut des Textes finden Sie auf der Homepage des Gerichts: www.justiz.nrw.de und dort unter der Link „Rechtsprechungsdatenbank". Sie sollten das Urteil und die Urteilsbegründung unbedingt lesen. Die Situation „unerwünschter" Mails ändert sich natürlich in dem Augenblick, wenn Sie einem „registrierten" Kunden neue Angebote zusenden. Doch auch hier gibt es Fallstricke: Sie dürfen nicht ohne weiteres E-mail-Verteiler erstellen, ohne die darin gespeicherten Adressaten zuvor ausdrücklich um Zustimmung gebeten zu haben. Natürlich werden Ihre Kunden nicht gleich vor Gericht ziehen, aber sobald ein Adressat Sie auffordert, keine E-mails mehr an ihn zu versenden, sind Sie gut beraten, ihm dies a.) schriftlich zu versichern, und b.) es tatsächlich zu unterlassen. Es ist nach der geltenden deutschen Rechtsprechung nicht legal, ohne das Wissen der Betroffenen deren Daten für Geschäftszwecke zu speichern. Soweit also meine (allgemeinen) Kenntnisse zum juristischen Teil dieses Seiltanzes ohne Netz. Schauen Sie sich das Urteil an, holen Sie sich Rat bei einem versierten Juristen. Natürlich werden am Tag unzählige solcher nicht legalen Mails verschickt. Ich habe die Erfahrung gemacht, dass seriöse Produktinformationen (ohne „Kauf-mich-Stress") an eine eng eingezirkelte Interessentengruppe die Empfänger nicht gegen den Absender aufbringen. Doch juristisch betrachtet ist auch diese diskrete Vorgehensweise strafwürdig.

Spamming-Urteil des OLG Düsseldorf: Urteil vom 22. September 2004, AZ: I-15 U 41/04.

Ein Letztes zu diesem Thema: Immer wieder stolpere ich über Literatur zu E-mail-Marketing. Es gibt im Buchbereich etliche Ratgeber, die sich explizit mit entsprechenden Titeln schmücken. Dazu Folgendes: Oft sind es amerikanische Bücher, die ins Deutsche übersetzt wurden und in Verkennung der europäischen und deutschen Rechtsprechung ihre „Tipps und Ratschläge" geben. In den USA steht die juristische Bewertung unerwünschter Werbemails auf anderen Fundamenten, vergessen Sie das nicht, sollten Sie sich einen solchen Ratgeber zulegen wollen. Keinesfalls möchte ich davon abraten, sie zu lesen. Sollten sich neue Erkenntnisse daraus ergeben, die auch meinen Wissenshorizont zu diesem Thema erweitern, schreiben Sie mir bitte eine E-mail.

Online-PR / Business-Weblogs

Auf diesem Gebiet hat sich in den vergangenen Jahren einiges getan. Etwa 2005 kam der Quantensprung durch die „Web 2.0 Technologie", die ja gar keine Technologie (oder Software) im eigentlichen Sinne ist, sondern eine, in meinen Worten, „digitale Legierung" verschiedener Technologien, technischer Voraussetzungen und sich neu erschließender Möglichkeiten. Erst durch die Breitbandtechnologie und ihre fast flächendeckende Einsetzbarkeit kamen die unter Web 2.0 als Deutungsbegriff zusammengefassten Anwendungskombinationen zum Zuge und bereichern die Möglichkeiten des einzelnen Nutzers. War es doch bislang so, dass der Dreh- und Angelpunkt die Homepage war, um von dort aus („digital-geografisch" gesprochen) aktive und passive Öffentlichkeitsarbeit zu betreiben. Inhalte werden programmiert, eingesetzt und durch Content-Management-Systeme „gepflegt", das bedeutet, aktualisiert oder generell verändert. Eine recht kostenintensive Angelegenheit, wenn man bedenkt, dass der Aktualisierungsbedarf je nach Unternehmen und Branche sehr hoch sein kann. Das ist heute bei den auf HTML oder Flash basierenden Homepages noch immer so, aber wir sind nicht mehr auf die „alte" Homepage-Technologie alleine angewiesen. Homepages können heute auch als sogenanntes Weblog, als Webtagebuch, aufgebaut sein. Ein wirklich revolutionärer Quantensprung für den Nutzer. Kommunikative und technische Offenheit und eine sehr viel niedrigere Zugangsschwelle zur persönlichen „Autorenschaft", das ist der bezeichnende Stil von Web 2.0 und den sich formierenden Holografien im Internet.

Business-Weblogs

Ein Weblog, auch kurz nur „Blog" genannt, ist im Vergleich zur statischen Homepage rasch erstellt. Ein Weblog ist auch eine „Homepage", aber eine, die von täglichen Beiträgen des Autors und der Besucher lebt. Das erwartet man von einem Web-Tagebuch (wie der Name schon andeutet), sonst wäre der Begriff „Tagebuch" an dieser Stelle verfehlt. Das Neue daran ist, dass Sie selbst der Autor sind oder Co-Autoren mit der inhaltlichen Pflege beauftragen können, und das täglich, ohne Programmierhürden. Sie arbeiten also als Blog-Redakteur von Ihrem Büro aus oder von wo auch immer. Die Besucher Ihres Blogs können Kommentare einstellen, wobei Sie entscheiden, wer das darf: alle oder nur bestimmte Leute. Sie können außerdem Fotos einstellen (Urheberrechte beachten!) oder Audio- und Video-Elemente integrieren. Ihr Weblog kann sich zu einer wunderbar funktionierenden Gesprächsplattform mit Ihren Kunden, Besuchern und Interessenten entwickeln. Der finanzielle Aktualisierungsaufwand ist gegenüber der statischen Homepage deutlich gesunken, gleichzeitig steigt die Aktiv-Reichweite Ihrer persönlichen oder geschäftlichen Webpräsenz enorm. Täglich werden allein in Deutschland hunderte neuer Blogs eingerichtet. Natürlich handelt es sich mehrheitlich um private Tagebücher, die von Blog-Providern landauf, landab angeboten werden. Es kostet den Einsteiger nur wenige Minuten, und er hat sein eigenes Web-Tagebuch. Man kann meist zwischen vorgefertigten Designs wählen - schrill oder seriös, alles wird angeboten. Hunderttausende dieser Weblogs werden von jungen Erwachsenen unter zwanzig eingerichtet. Inzwischen finden sich jedoch immer mehr Erwachsene über 30 Jahre in der „Blogosphä-re", die mit diesem Medium ebenfalls enorme Besucherraten generie-ren – je nach Thema und Relevanz. Das galt bislang nur für „Teenie-Blogs", die mit dem täglichen Allerlei des pubertären Weltschmerzes ein unglaublich breites Leserangebot bilden. Zurzeit ist es mutmaßlich so, dass private Blogs bei den Besucher- und Kommentarzahlen noch die erfolgreichsten sind. Doch die Blogosphäre diversifiziert sich zuse-hends. Auch fachspezifische Blogs haben sich ihre Platzhirsch-Pokale bereits geholt. In den Bereichen Werbung, Public Relations oder Fi-nanz- und Börsennachrichten gibt es ernstzunehmende Inhaltevermitt-ler und Besucherbeiträge.

Weblogs forcieren neue, bislang unbekannte Kommunikati-onsdynamiken. Sie entwickeln sich neben den herkömmlichen Medi-enformaten und sind Teil einer viralen Agenda, begünstigt durch die Interaktionsmerkmale des Internets und weiter durch die sich ständig selbstreflektierende Web 2.0-Holografie. Die klassische Nachrichten-vermittlung beispielsweise, wird dadurch in ihrem Selbstverständnis erschüttert. Blogger in der ganzen Welt berichten von einer Sekunde auf die andere über die Nachrichtenlage in ihrem Land. Sie erweisen sich als neue Stimme in einer „News-Landschaft", die bislang von den großen Agenturnetzwerken und Sendern souverän und monopolistisch gehandhabt wurde. Damit, so scheint es, ist es wohl vorbei. Fakt ist, dass mit Weblogs, Blog-Communitys sowie Foren eine neue Plattform für ein individuelles Sendungsbewusstsein entstanden ist, das durchaus mit dem Beginn einer neuen „medialen Alphabetisierung" vergleichbar ist. Nie zuvor war es möglich, einen solchen Faktenreichtum in so kur-zer Zeit für so viele zugänglich zu machen – in Schrift, Bild und Ton. Menschen stellen ihr Leben, ihre Schicksale ins Netz. Wir betrachten sie in Videos oder hören ihre Geschichten auf dem MP-3-Player. Pri-vate und geschäftliche Welten verzahnen sich zusehends und werden Teil der großen Überlegung unserer Zivilisation. Während in privaten Blogwelten die anteilgebende und -nehmende Kontribution des Ein-zelnen im Mittelpunkt steht, zielt die kommerzielle Präsenz eines Un-

ternehmens in der Blogosphäre auf die virale Expansion – unverzichtbar und unvermeidlich unter Einbeziehung des Privaten. Hier werden
Grenzen überschritten und neue Territorien erschlossen.

Ich versuche hier die enorm gewachsenen Möglichkeiten im
Online-Marketing darzustellen, indem ich Ihnen die wichtigsten Ein-
stiegsszenarien in den Bereichen Weblogs und Online-PR aufzeige. Ich
möchte Sie dazu animieren, einzusteigen – mehr nicht. Es gibt inzwischen viele Experten und Expertisen zu diesem Thema; und ich
will mich bewusst nicht in diese Arena hineinbegeben. Die Szene wird
im Moment noch von Pionierdiskussionen beherrscht, doch es spielen
noch zu sehr persönliche Eitelkeiten und Platzhirschgehabe eine pro-
minente Rolle. Die Sprache vieler dieser Experten ist technisch derart
eingerüstet, dass der Laie keine Chance hat, von dort etwas brauch-
bares, sprich umsetzbares, mitzunehmen. Es gibt, wie überall Ausnahmen. Doch das Wissen wird auch hier bald demokratisiert, dann errin-
gen auch allgemein verständliche Überlegungen die Oberhand.

Ich habe mein erstes privates Blog im Frühjahr 2004 begonnen.
Als Business-Variante haben Webtagebücher ihre Karriere noch vor
sich. Gleichgültig, ob es sich um Konzerne, den Mittelstand oder die
immer größere werdende Zahl von Freiberuflern handelt: Das Business-
Weblog wird immer häufiger zum Prüfstein für individuelle Public-Fit-
ness. In den Marketingdisziplinen haben sich geschäftliche Weblogs
bereits etabliert. Sie stehen mit einer Fülle von Markt-Informationen,
Tipps und Erfahrungsberichten den entsprechenden Print-Fachmedi-
en in nichts nach. Im Gegenteil, sie haben dem Printformat tatsächlich
einiges voraus. Und die Entwicklung steht erst an ihrem Beginn. Die
nächste Stufe des digitalen Ringens um die Vorherrschaft im Kampf
um die Erstbegegnung mit dem Interessenten ist in die zweite Phase
getreten. Mit den Blogs zieht jetzt „das Wissen der Vielen" in die Web-
Arena ein – eine ungeheure Herausforderung für den strukturierten
und kanalisierten Journalismus wie wir ihn heute kennen.

Doch Vorsicht - keine extraterristrischen Erwartungen aufbauen! Bei Weblogs handelt es sich um ein Instrument unter vielen und für viele mag diese Form des Aufträgeangelns auch gar nicht in Frage kommen, aus welchen Gründen auch immer. Ein Weblog kann ein hervorragendes Instrument sein, um Menschen von sich und seinen Leistungen im barrierefreien Austausch zu überzeugen. Doch nur ein aktuelles Web-Tagebuch erfüllt seinen Zweck wirklich. Und mehr noch: es ist in erster Linie ein sinngebundenes Instrument. Zweck und Sinn – erneut taucht dieser Unterschied an der Nahtstelle des Verkaufs auf. Wenn Sie kein Autorentyp sind und nicht wenigstens alle zwei Tage Ihr Blog besuchen und dort kommunizieren, wird es zum Stillleben. Ein Blog lebt von Ihren Beiträgen und von den Kontributionen der Besucher. Das muss nicht immer Tagesaktualität bedeuten. Doch in jedem Fall den konstanten Austausch mit den Besuchern und anderen Bloggern. Wer in Ihrem Business-Blog einen Kommentar hinterlässt, lädt Sie geradezu ein, Kontakt aufzunehmen. Diese Besucher haben übrigens auch die Möglichkeit, Ihr Blog zu abonnieren. Immer wenn Sie dort etwas eintragen, wird der Abonnent benachrichtigt. Dasselbe können Sie natürlich mit anderen Blogs auch tun. Ihre Besucher und Sie selbst können die Einträge „taggen". Durch sogenannte Meta-Tags werden Suchmaschinen im Internet „manipuliert", so dass Trefferquoten und Zugriffe auf Ihr Blog über die Stichwortsuche erleichtert werden. Meta-Tags dienen also vereinfacht gesagt dazu, Sie im Internet bei entsprechenden Suchbegriffen schneller zu finden. Dasselbe gilt auch für die statische Homepage, doch mit den höheren Intervallen der Blog-Beiträge und der Besucher-Kommentare erhöht sich die Trefferquote der Verweise in den Suchmaschinen. Tags gelten zwar inzwischen als antiquiert, dennoch funktionieren sie und erfüllen weiter ihren Zweck: Interaktion und Vernetzung auf einem denkbar handhabbaren Level. Darüber hinaus existieren eine Fülle von Suchmaschinen nur für Weblogs. Es gibt „Charts" für besonders frequentierte Blogs, denen man längst auch in den klassischen Medien Aufmerksamkeit zollt. Dort lädt man erfolgreiche Weblogs gerne mal zu sich ein. Besucherstarke Blogs werden immer öfter in die Online-Präsenzen klassischer Medien integriert. Hier deuten sich Verschmelzungen an, die an den Beginn größerer Umwälzungen im Medienmarkt denken lassen. Wir stehen am Anfang einer bemerkenswerten Entwicklung auf diesem Gebiet. Genug Theorie, nun kommt die Praxis.

Wie baut man ein erfolgreiches Business-Weblog auf?

Es klingt zunächst seltsam, aber wer es in seinem Business-Weblog auf Kundenfang nach der alten Methode anlegt, wird sich wundern, dass es so nicht funktioniert. Gutes „Business-Bloggen" fordert in erster Linie Ihr Kommunikationstalent heraus und vor allem die Fähigkeit, sich nicht auf den Business-Part allein zu konzentrieren. Stellen Sie sich diese Frage: ‚Wie gut kann ich mit Menschen auf eine unverkrampfte Weise kommunizieren - von gleich zu gleich?' Nicht ein Vertragsabschluss steht im Mittelpunkt Ihres B-Blogs, sondern der sachliche und zwischenmenschliche Austausch von Informationen. Keine „Akquisegespräche" bitte, sondern ein ganz entspannter Austausch kompetenter (oder weniger kompetenter!) Dinge, rund um das in Ihrem Blog ventilierte Thema. Das ist das Erste: Geben Sie Ihrem Business-Weblog einen Namen, der das Thema unmissverständlich signalisiert. Sie sollten in Ihrem B-Blog einem redaktionellen Konzept folgen, damit klar wird, dass es sich hier um ein Themen-Tagebuch handelt, wo man unverbindlich Ratschläge zu einem bestimmten Themenkomplex oder Produkt erhält. So könnte beispielsweise der Vertreter einer finnischen Holzhausfirma in Deutschland sein ganzes Holzhaus-Wissen zur Verfügung stellen und sich mit potenziellen Kunden darüber unterhalten, auf was man beim Holzhausbau achten sollte. Dieses B-Blog könnte „Arctic-Living" heißen oder deutsch ganz einfach „Holzhausblog", vielleicht „Bloghaus" oder „Zuhauseblog". Aber nennen Sie Ihr Blog in diesem Fall um Gottes Willen nicht „Kuschelhaus" oder „Hexenhäuschen". Denken Sie daran: Sie starten einen Business-Blog für Erwachsene. Wenn sich ein Bauherr in spe mit dem Gedanken trägt, sich über Holzhäuser zu informieren , dann gibt er bei Google weder „Hexen" noch „kuscheln" als Suchbegriffe ein.

Ein Expertenblog zu diesem Thema wird dann erfolgreich sein, wenn Besucher und Abonnenten einen Nutzen daraus ziehen können, ohne gleich mit dem Geschäfte anbahnenden Zweck konfrontiert zu werden. Stellen Sie sich vor, Sie sind dieser Holzhausvertreter für die finnische Holzhausfirma. Ihre Live-Blog-Sprechzeiten sind vormittags zwischen 9 Uhr und 10 Uhr, dann noch mal abends zwischen 20 Uhr und 21 Uhr. Zu diesen Zeiten beantworten Sie Fragen von Blogbesuchern, die sich gedanklich bereits mit dem Bau eines Holzhauses beschäftigen. Natürlich können Sie die Fragen auch zu jeder anderen Zeit beantworten. Wann immer Sie es tun, tun Sie es „live". Was der Unterschied zu Telefonaten mit Interessenten ist? Ganz einfach: Die Fragen und Ihre Antworten bleiben auf dem Blog für alle nachfolgenden Besucher stehen. Das bleibt bei Telefonaten mit einem einzigen Interessenten allen anderen für immer verborgen, und Sie müssen mehrmals täglich, wöchentlich und das ganze Jahr über immer dieselben Fragen beantworten. Für immer wiederkehrende Fragen ist die Einrichtung einer sogenannten „FAQ"-Frageliste empfehlenswert. „FAQ" bedeutet: „Frequently Asked Questions", also häufig gestellte Fragen. Das spart Ihnen und Ihren Besuchern Zeit und Mühe. Viele spezielle Fragen beantworten Sie den Interessenten direkt auf Ihrem B-Blog. Auch die werden dokumentiert und sind für alle einsehbar. Natürlich bleiben Fragen der individuellen Finanzierung außen vor – diese Themen gehören nicht in ein Blog, das ist klar. Ihr Blog ist ein offener Expertenblog für Fragen von zukünftigen Holzhausbauherren. Keine Frage ist „zu dumm", keine Antwort neunmalklug. Als Autor können Sie unbegrenzt Fotos, Baupläne, Grundrisse oder die komplette Kundengeschichte des Aufbaus eines solchen Holzhauses in Ihr Blog einstellen und es jederzeit mit wenig Aufwand ergänzen und ausbauen. Denken Sie immer daran: Die kontinuierliche Beschäftigung mit dem Thema selbst, und besonders die menschliche Komponente, dürfen nicht „nebenbei" betrieben werden. Betrachten Sie es einmal aus dieser Perspektive: Den Aufwand an Zeit, den Sie benötigen, um ein Business-Weblog zu betreiben, müssen Sie in der herkömmlichen Akquise ohnehin investieren. Es ist Ihre Investition ins Geschäft, in Ihren Erfolg beim Aufträgeangeln. Es braucht seine Zeit, um aus Interessenten Kunden zu machen. Wer wüsste das besser als Sie? Sie telefonieren stundenlang, machen Hausbesuche oder sie empfangen Interessenten im Musterhaus. Letzteres wird sicher nicht durch Ihr Weblog überflüssig, doch hier geht es ums Kundenangeln, darum, den Besuch von Interessenten im Musterhaus anzubahnen. Ein Business-Weblog ist neben allen anderen Ihnen zur Verfügung stehenden Instrumenten eine neue Angel, die die klassischen Anbahnungsmethoden an Erfolgsquoten schon bald übertreffen kann. Was ist eine Holzhaus-Broschüre im Vergleich zu einem interessant geführten Bauherren-Weblog? Hier bekommt der Interessent die besten Ratschläge aus erster Hand und dazu persönliche Erfahrungsberichte von Holzhausbesitzern. Die Video-Dokumentation eines zufriedenen Kunden auf Ihrem Blog, für jeden neuen Interessenten aufregend und in dieser Vermittlungsdimension neu, ist eine unglaubliche Chance für Ihr Neugeschäft. Empfehlungsmarketing par excellence. Das können Printwerbemittel nicht mehr leisten, auch eine klassische Homepage nicht. Das soll nicht bedeuten, dass diese Medien überflüssig sind, doch in Ihr Business-Weblog investieren Sie mehr als „nur" passives Darstellungsvermögen. Im Blog tummeln Sie sich mitten in Ihren „Potential-Groups", jeden Tag aufs Neue. Sie werden dort mit den lebendigsten Wesen überhaupt konfrontiert: Ihren potenziellen und bestehenden Kunden. Die Erfahrung zeigt übrigens, dass die schreibenden Menschen in Blogs allgemein einen fairen und überlegten Umgang miteinander pflegen. Ausnahmen sind natürlich auch hier anzutreffen, doch generell gilt, dass Menschen in dieser „Community" den offenen und kommunikativen Austausch wollen und desgleichen auch bei anderen schätzen. Das trifft auch auf kommerzielle Blogs zu. Ein Business-Blog ist eben kein „Hard-Selling-Instrument". Es geht hier nicht um Verkaufskämpfe und antrainierte Verhaltensmuster für „Top-Verkäufer". Ein informatives und gut besuchtes B-Blog kommt jenen Menschen entgegen, die dieses Szenario eben nicht suchen, und das sind im Zweifelsfall mehr, als gemeinhin angenommen wird. Auch Sie dürfen sich hier freimachen von künstlich hochgeschraubten Erwartungen an Ihre verkäuferischen Fähigkeiten – hier sind Sie auch (und gerade) als Mensch und Partner gefragt, als Ratgeber und Experte. Nicht die direkte Verkaufsstrategie steht im Vordergrund, sondern Informationen zum Produkt. Nicht nur Sie geben diese Informationen, sondern auch Ihre Blog-Besucher. Fragen und Antworten, Erfahrungen und Meinungsaustausch stehen im Mittelpunkt des Geschehens. So lernt man seine künftigen Kunden und ihre Bedürfnisse am besten kennen. All das passiert in einer zwar anonymen, aber dennoch ernstzunehmenden Form. Und niemand trägt bei diesen „Gesprächen" gezwungenermaßen eine Krawatte oder ein Nadelstreifenkostüm. Wenn Ihnen dieser informelle Ansatz auch persönlich entgegenkommt, werden Sie Ihr Business-Blog schätzen und lieben lernen. Bedenken Sie auch: Blogger sitzen meist zu Hause in ihrer gewohnten Umgebung, oft abends und in entspannter Atmosphäre. Sie haben es also mit Menschen zu tun, auf denen in diesem Augenblick kein besonderer Druck lastet, die sich auf ein Thema konzentrieren können und sich darüber austauschen möchten. Wie sehr unterscheidet sich das vom klassischen „Kampf-um-den-Auftrag-Szenario" einer typisch Vertriebs gepeitschten Geschäftsanbahnung!

Ich gebe zu, es ist eine Herausforderung für den Weblog-Laien, sich hier einzuarbeiten. Doch keine unüberwindliche, denn sie ist erlernbar. Der Gewinn, den Sie generieren, wenn Ihr Blog steht und kontinuierlich ausgebaut wird, ist leichter und nachhaltiger zu erwirtschaften als mit manch klassischer Akquise-Strategie, der Sie heute mangels Alternativen noch nachgehen. Das Beispiel vom finnischen Holzhausvertreter wählte ich übrigens nicht von ungefähr. Gerade wird ein solches Haus für die Familie meines Bruders errichtet und ich habe erlebt, wie groß der Informationsbedarf vor einer solchen Entscheidung ist und selbst während des Aufbaus noch andauert. Nachbarn kommen und fragen, sonntägliche Spaziergänger sehen dieses

„exotische" Haus inmitten aus Stein gebauter Häuser wachsen, und nicht wenige interessieren sich plötzlich für ein solches Heim. Viele Skeptiker sind darunter, die Steinhäuser gewohnten Deutschen blicken mit Argwohn darauf, aber viele auch mit perplexer Begeisterung. In einem Holzhaus-Blog können entsprechende Fragen und Vorbehalte – auch durch die Mithilfe von Holzhausbesitzern – beantwortet oder ausgeräumt werden. Trauen Sie das einem Werbeprospekt oder einem Werbespot zu? Ich könnte die Reihe von Branchen und Berufen, für die ein solches Business-Blog Sinn ergibt, mühelos fortsetzen. Mir fällt da spontan ein Maß-Atelier für Herren ein. In einem solchen Blog, in dem eine ansprechende Fotogalerie mit den neuesten Einträgen des Schneiders und seiner Kunden zu finden ist, würde ich glatt eine Stunde hängen bleiben. Für gute Schuster gilt das Gleiche. Bevor man zur Anprobe geht, soll er mir doch mal genau erklären, was einen guten (und gesunden) Schuh ausmacht. Ich möchte vielleicht von der tatsächlichen Qualität und von ihm persönlich überzeugt werden, bevor ich ihn aufs Geratewohl besuche, und mir ziemlich, na ja, „doof" vorkomme, wenn ich vor seiner Ladentheke auftauche und er mir das kleine Einmaleins des guten Schuhwerks erklären soll. Das tut er sicher gerne, aber noch lieber wird er sein Handwerk abends in aller Ruhe einem interessierten Blog-Publikum erklären. In beiden Fällen würde mich ein Video noch schneller auf den Konsumtrip bringen. Hier geht es um die Erschließung eines bereiten, aber „schweigenden" Kundenpotenzials: Hemmschwellen für Neukunden überwinden helfen – wo wäre es angebrachter als in einem Blog für Luxuswaren? Dasselbe gilt für den feinen Weinladen, ob in der Großstadt oder auf dem Land. Ich würde gerne mit einem Weinhändler die Weine für das Abendessen mit Geschäftspartnern besprechen, ohne gleich meinen Terminkalender umzuwerfen und extra hinzufahren. Seiner Empfehlungsliste und den Bewertungen passionierter Weintrinker in seinem Blog würde ich viel Kompetenz beimessen. Oder nehmen wir die Innenarchitekten. Wie informiert man sich heute über diese Dienstleistung? Richtig, das Meiste ist Empfehlungsgeschäft. Und genau das ist ein gut geführtes Business-Blog auch: eine Empfehlungsplattform! Warum sollte man seine Kunden nicht überzeugen können, ihr Interieur als „Home-Story" im Weblog des Innen-Designers zu veröffentlichen? Sicher, nicht jeder Kunde wird da mitziehen. Aber der eine oder andere doch. Blogs der neuen Designer-Generation gehören schon jetzt zu den Geheimtipps in der Blogosphäre. Oder betrachten wir die wachsende Industrie der Model-, Talent- und Schauspieleragenturen, der Kreativberufe schlechthin; das industriell organisierte Vermarktungsgewerbe rund um die Inhalte elektronischer Medien. Hier bieten sich Weblogs mit Podcasts an, und nicht nur hier. Unter Podcasting versteht man, vereinfacht gesagt, eine Serie von Medienbeiträgen, die in Form von Audio- und Videodateien produziert und dem Besucher angeboten werden. Diese Mediendateien sind inzwischen denkbar einfach herzustellen, und sie werden in speziellen Verzeichnissen im Internet angeboten. Bald wird es etablierte Online-Programmzeitschriften für Podcasts geben. Man kann sie in das Blog integrieren und Besucher können sie sich ansehen. Der Themenauswahl sind dabei kaum Grenzen gesetzt. Inzwischen explodiert die Zahl privater Podcasts, diese Medien- und Kommunikationsoption macht zweifelsfrei Karriere. Für kommerzielle Blogs bedeutet diese Option der Einstieg in die Welt der sonst für viele Unternehmen unbezahlbaren Werbespots. Doch sie können viel bessere Wirkungen erzielen als diese, denn Sie sind der Regisseur! Inhalte können jetzt ungekürzt und ohne Zeitdruck präsentiert werden.

Podcasting und Vodcasting befinden sich marketingtechnisch inzwischen nicht mehr in der Deutungsphase, was ihren revolutionierenden Einfluss betrifft. Audio- und Videodateien sind ein Marketinginstrument, kein Zweifel. Die faszinierende „Anarchie" im privaten Bereich hat dem den Weg geebnet. „Broadcast Yourself" ist zur persönlichen Performance-Metapher avanciert. Und nicht nur junge Menschen finden das anziehend. Inzwischen gibt es auch Senioren, die in selbstproduzierten Videos ihr Leben erzählen: Ein vierundneunzigjähriger amerikanischer Weltkriegsveteran erzählt über die Schlachten im Pazifik, und ein junges Publikum folgt jeder neuen Folge wie gebannt. So zu betrachten auf „Youtube", einem der größten Videoportale im

Internet. Eine „selbstgebastelter" Radio-Podcast aus Berlin-Mitte stellt in seiner redaktionellen Machart so manch „regulären" Radiosender in den Schatten – steigende Attraktivität nicht trotz, sondern wegen fehlender „Professionalität". Bemerkenswerte Reichweiten werden erzielt. Dies ist bezeichnend für unseren Zeitstil. Aber wir ahnen, wie rasch die Industrie und findige Vermarkter sich einer solchen Idee bemächtigen werden. So wird es auch auf diesem Gebiet zu entsprechenden „An- und Enteignungen" kommen. Wo sich Menschen in Masse hinbewegen, erwacht Interesse. Der Norddeutsche Rundfunk gab die Zahl der heruntergeladenen Podcasts in Deutschland seit November 2005 bereits mit über einer Million an (Stand Ende 2006). Ich denke, es ist nur eine Frage der Zeit, bis sich diese Form des Medienkonsums in nennenswerten Dimensionen auch auf die Geschäftswelt erstreckt. Ich sehe hier für die großstädtischen Einzelhändler und Dienstleister ein neues Kommunikationspotenzial aufblühen. Doch auch die Bewohner und Konsumenten in ländlichen Gebieten stehen vor einer neuen Informationsholografie der Produkt- und Angebotsrecherche. Urbanen Dienstleistern und Marketern des gehobenen Segments bietet der eigene Themen- oder Business-Blog, mit oder ohne Podcast-Angeboten, einen vielversprechenden und kostengünstigen Weg zur Neukundengewinnung. Und wenn ich mir die Besucherzahlen der privaten Teenie-und Tweenie-Blogs betrachte, kommt mir glatt der Gedanke, dass der Produzent oder Händler von jungen Trend-Produkten hier einen cleveren Zug machen würde, wenn er eine Blog-Redakteurin einstellt und seine Produkte auf diese Art mitten in seiner Zielgruppe vorstellt und vermarkten lässt. Blog-Redakteur/in – ein neues Berufsbild? Wir reden hier von einem völlig neuen Vertriebsinstrument, von nichts weniger. Wie man es dreht und wendet: Für Dienstleister ist das eigene Business-Weblog jetzt ein Thema. Bis zum Jahr 2010 wird sich dieses Vermarktungstool weiterentwickelt und in vielen Vertriebsstrukturen fest etabliert haben. Man darf von einer echten Zäsur sprechen, hier kommt was Neues! Bei dieser Einschätzung erinnere ich nochmals an den Titel dieses Buches: „Aufträge angeln" – darum geht es hier. Jedem Fisch, den man an Land zieht, hat man zuvor den passenden Köder präsentiert. Blogs sind Köder der neuen Generation. Die Angler müssen es nur begreifen. Was die Kreativberufe angeht, dies noch: Eine Podcast-Präsentation Ihrer Leistungen und Person wird die Live-Präsentation sicher nicht ersetzen. Aber die Vorauswahl kann sie schon beschleunigen. Sie können sich per Video vorstellen und wenn jemandem Ihre Nase nicht gefällt, wird er Sie erst gar nicht anrufen. Sie meinen, das könnte von Nachteil sein? Ich meine, nein. Denn Sie sparen sich die Zeit und den Aufwand für eine Präsentation. So kann man es auch sehen, oder?

Und noch ein Hinweis für alle Smart-Service-Akteure: Integrieren Sie diese Dienstleistung in Ihr Leistungs-Portfolio. Ihre Kunden sind neugierig.

Das Wichtigste zum Business-Weblog in Kürze

- Sie formulieren gern und fühlen sich der Sache gewachsen, Blog-Autor zu sein? Wenn nicht, überlegen Sie sich das noch mal mit dem eigenen Business-Weblog. Wenn Sie es wirtschaftlich verkraften können, engagieren Sie einen fachlich versierten Autor dafür. Diese Aufgaben kann ein Texter oder Journalist freiberuflich für Sie übernehmen. Größeren Unternehmen empfehle ich diesen Einstieg jetzt!
- Als Business-Blog hat ihr Netztagebuch natürlich ein Thema...
- ...und dieses Thema sollte in einem von Ihnen erstellten redaktionellen Konzept aufblühen. Dieses Konzept muss konsequent fortentwickelt werden, der Rote Faden stets erkennbar bleiben.
- Ihr B-Blog hat einen Namen und der sollte sich so nahe wie möglich am Thema, an Ihrem Produkt oder Ihrer Dienstleistung bewegen.
- Ihr B-Blog ist nicht die verlängerte Pin- oder Plakatwand einer wie immer gearteten Werbestrategie. Es ist ein Themen-Blog, hier geht es um Inhalte. Bleiben Sie beim Thema – nicht starr, aber deutlich. Aufgelockert und nicht bierernst. Das nennt man, glaube ich, „umgänglich"...

- Ihr Business-Blog ist ein Ort, wo sich Menschen austauschen. Sie sind „Zuhörer", „Ratgeber" und ein fairer „Begleiter", englisch: „Host" – zu deutsch: Gastgeber.
- Kontinuität geht vor Aktualität. Setzen Sie sich nicht unter unnötigen Druck, dauernd „irgendetwas" in Ihr Blog einzustellen. Lieber einen Beitrag weniger, dafür den nächsten mit derselben Relevanz wie die übrigen.
- Sorgen Sie dafür, dass man Ihr Weblog in der Blogosphäre weiter empfiehlt. Digitales Empfehlungsmarketing bringt Ihr Blog nach vorn! Sammeln Sie Freunde, laden Sie andere Blogs zu Ihrem ein, akzeptieren Sie (akzeptable) Einladungen auf die „Blogroll" Dritter. Viele Blogs verfügen über die Funktion „Freunde einladen". Sie können Links setzen, Sie entscheiden, wer „drin" ist. Gehen Sie bei dieser Auswahl äußerst sorgfältig vor.
- Besuchen Sie interessante Blogs und hinterlassen Sie dort themenbezogene Kommentare. Ihr Kommentar funktioniert wie eine Link zu Ihrem eigenen Blog. Tun Sie dies aber nicht wahllos, sondern nur, wenn Sie thematisch wirklich etwas beizutragen haben. „Hallo! Wie geht's?", solche „Kommentare" sollte man sich sparen.
- Achten Sie darauf, dass Ihr Blog sowohl optisch als auch sprachlich Markencharakter annimmt. Wechseln Sie den Blognamen nicht (nur wenn es außergewöhnliche Umstände nahe legen), und sorgen Sie für ein ansprechendes Äußeres ihres Business-Blogs. Der Aufwand ist in der Regel gering, jedenfalls geringer als eine neu zu programmierende, statische Homepage.
- Vergessen Sie bei allem, was Sie in Ihrem B-Blog tun, niemals: Es bleibt unauslöschlich präsent. Das Netz „vergisst" nichts. Wenn Sie am Tag hundert Besucher haben, bedeutet das nicht, dass Sie nur mit diesen hundert kommunizieren. In den Suchmaschinen wird alles für immer auffindbar sein. Humor, Privates, Politisches: ja. Doch Seriösität sollte stets der Maßstab sein. Wobei Politik in einem Business-Blog nichts zu suchen hat (meine Meinung).

Noch ein paar technische Umsetzungstipps

- Ihre Blogbeiträge (Postings) sollten 500 Worte möglichst nicht überschreiten. Kurze Beiträge werden ungleich öfter und lieber gelesen.
- Geben Sie Ihren Postings reguläre Überschriften (größere Typo) und fetten Sie den ersten Satz des Beitrags. Das lockt in den Text und sieht gut aus.
- Fotos sind immer gut. Doch stellen Sie bitte nur das Material ein, von dem Sie auch die Urheber- oder Nutzungsrechte besitzen. Wenn nicht, kann's bösen Ärger geben.
- Benutzen Sie lesefreundliche Schriftarten, das bedeutet: keine Experimente mit sogenannten „kreativen" Typos. Es ist sehr oft ein Ausstiegsimpuls für den Besucher. Bitte auch keine Kursivtexte, sie stoppen den Lesefluss erheblich, da viele Menschen mit „Italics" Probleme haben. Mit gefetteten Textblöcken ebenfalls sparsam umgehen. Nur dort, wo Sie etwas hervorheben möchten.
- Schriftfarbe: Vermeiden Sie immer gelb auf weiß oder grau auf weiß. Die französischen Könige trugen eine weiße Lilie auf weißem Grund als Wappen mit sich herum. Sie sind nicht der König von Frankreich.
- Ihr Blog trägt oben ein Banner, auch „Header" genannt. Dort steht Ihr Logo, Ihr Name, ein Foto oder was auch immer (themenbezogen!). Das ist Ihr visuelles Opening. Es ist der sprichwörtlich „Erste Eindruck". Vermasseln Sie ihn nicht!
- Dieser Header sollte außerdem nie die halbe Bildschirmfläche ausfüllen. Es ist eher nervend als motivierend, wenn man erst lange scrollen muss, um auf die Beiträge zu stoßen. Leute, die gern auf die Schnelle durch die Blogs klicken, (das sind viele) werden von den digitalen „Riesenplakatwänden" eher gelangweilt. Regel: Schnell zum ersten Beitrag!

Manches hört sich vielleicht zu banal an, doch in meinen täglichen Blog-walks stelle ich immer wieder fest, dass diese Tipps und Regeln nur zu selten beachtet werden. Ich habe in den vergangenen Jahren wohl mehr als tausend Blogs besucht und weiß, wovon ich rede. Also vermeiden Sie diese Fehler – machen Sie lieber neue! Nur Erfahrung bringt uns weiter.

Online-PR

Auch hier hat sich in den letzten Jahren eine Menge getan. Den klassischen PR-Agenturen droht ihr konventionelles Zugangsmonopol zu den Medien verlorenzugehen, denn viele Redakteure und freie Journalisten informieren sich heute auch auf den Open-Source-Plattformen, genauer: auf den PR-Portalen für Pressemitteilungen. Seitdem mit „Wikipedia" die Open-Source-Revolution publizistisch betrachtet, erst so richtig in Fahrt kam, bieten nun Presseportale wie „OpenPR" oder „businessportal24" einen hochwertigen Service für alle Unternehmen und Selbständige an. Sie können dort kostenlos Ihre Pressemitteilungen einstellen. Das ist wirklich eine neue Option für alle, die sich bislang eine PR-Agentur nicht leisten konnten. Für eine professionelle Pressemitteilung zahlt man je nach dem zwischen 100 und 1.500 Euro, mit und ohne Garantie, dass die Meldung auch veröffentlicht wird. Doch Vorsicht – eine Pressemitteilung kostenlos ins Netz zu stellen, verlangt besondere Kenntnisse. Erneut wird deutlich, wie wichtig es ist, die eigenen Schreibfähigkeiten richtig einzuschätzen und gegebenenfalls zu schulen. Die beiden von mir genannten Open-Source-Presseportale akzeptieren ausschließlich professionelle Texte in der Pressemitteilung – aus gutem Grund natürlich. Nach wie vor existieren für das Verfassen einer solchen Mitteilung an die Medien hohe Anforderungen, was Inhalt und Form betrifft. Man kann nicht einfach so drauflos schreiben, das Ergebnis und der Eindruck, der dabei entstünde, wären mit Sicherheit katastrophal. Die Empfänger und Leser von Pressemitteilungen sind in der Mehrzahl ausgebildete Redakteure. Sie erwarten einen form- und mediengerechten Stil: sachlich, informativ und auf den Punkt gebracht. Das bedeutet konkret, keine seitenlangen Elaborate, kein Info-Schnickschnack und schon gar kein Werbetexterdeutsch. (Selbstredend gibt es auch Werbetexter, die Pressemitteilungen verfassen können!). Eine Pressemitteilung dient einzig und allein der Information des Redakteurs, (respektive der Öffentlichkeit), dessen Aufgabe es anschließend sein soll, daraus eine Meldung oder einen längeren Artikel zu stricken. Eine Pressemitteilung ist also kein Werbebrief an Endverbraucher, sondern, wie es der Name schon sagt, eine Mitteilung an die Presse. Sollten Sie sich dieser Aufgabe nicht gewachsen fühlen, was bei vielen der Fall sein mag, bieten diese Open-Source-Portale sinnvolle Serviceleistungen an, unter anderem die, Ihre Pressemitteilung stilistisch und förmlich zu prüfen, um sie für eine Veröffentlichung in die richtige Form zu bringen. Das sind dann kostenpflichtige Dienstleistungen, doch lohnt es sich allemal, sie in Anspruch zu nehmen, wenn man selbst nicht absolut firm in der Sache ist. Gehen Sie nie über Ihre mangelnden Kenntnisse in diesem Bereich leichtfertig hinweg. Ein schlechter Pressetext wird von hunderten Besuchern dieser Portale gelesen und er erscheint natürlich binnen Stunden auch in den großen Suchportalen. Mit einem dilettantischen Text blamieren Sie sich bis auf die Knochen, und das muss einfach nicht sein. Die von mir genannten Portale veröffentlichen Ihre Mitteilungen kostenlos (Stand Dezember 2006). Es gibt aber auch kostenpflichtige Mitgliedschaften bei diesen Anbietern, die Ihnen als Nutzer Privilegien bescheren. So dürfen Sie als zahlendes Mitglied eine größere Anzahl von Pressemitteilungen einstellen, auch mehrmals täglich. Dafür stehen verschiedene Veröffentlichungskategorien bereit, wie beispielsweise „Politik, Recht & Gesellschaft" oder „Medien & Telekommunikation". Als nichtregistrierter Nutzer haben Sie eingeschränkte Optionen, doch die sind bereits ein echtes „Geschenk" für den, der Eigen-PR online nutzen möchte. In diesem Fall steht Ihnen in der Regel täglich eine Texteingabe in einer der vielen angebotenen Themenkategorien zur Verfügung. Darüber hinaus kann man den Veröffentlichungsradius bestimmen. Nach Regionen sortiert finden sich auf der Texteingabeseite die entsprechenden geografischen Veröffentlichungsräume. Daneben bieten diese Portale einen Newsletter-Service sowie Einträge in Online-Magazine an. Die Vielfalt der Dienstleistungen ist bemerkenswert groß. Informieren Sie sich, denn Sie profitieren hier enorm.

Um noch einmal auf die kostenpflichtigen Serviceleistungen der Presseportale zurückzukommen. Sie können als Nutzer, egal ob als zahlender oder nichtzahlender, Ihre Meldung zielgerichtet an einen ausgewählten Redaktions-Pool versenden lassen. Wenn Sie beispielsweise als deutscher Handelsvertreter einer finnischen Holzhausfirma Ihre Pressemitteilung ausschließlich an Fachmedien für Bauherrenzeitschriften absetzen möchten, dann sollte das möglich sein. Die Portale selektieren ihren eigenen Adress-Pool von Fachredakteuren und bieten Ihnen dahin gehend Paket-Lösungen an. Das gilt natürlich nicht nur für Printmedien, also Tageszeitungen oder Magazine, sondern auch für TV-Redaktionen. Mit einem innovativen Produkt, verpackt in eine professionelle Pressemitteilung, ist der Weg zu einem Fernsehbeitrag kürzer als Sie denken. Nie zuvor war der Zugang zu Redaktionsbüros und einzelnen Journalisten so kostengünstig und barrierefrei möglich wie heute. Eine Veröffentlichungsgarantie wird natürlich auch hier nicht geboten. Doch die freie Nutzung dieser enorm reichweitenstarken Portale ist ein echter Fortschritt für kleine und mittlere Unternehmen, aber auch für Freelancer und Freiberufler. Sie haben jetzt ein eigenes Megaphon! Der Weg zur „Demokratisierung" des Zugangs zu den Medien ist nicht mehr aufzuhalten, und die Möglichkeiten dazu bewegen sich bislang auf einem guten und seriösen Niveau.

Zum Thema „Pressemitteilungen schreiben" habe ich das Wichtigste schon gesagt. Was aber tun Sie nun mit Ihrer Pressemitteilung, wenn sie ins Netz gestellt wurde? Zunächst ein weiterer Rat: Schreiben Sie übers Jahr gesehen und in lockerer Abfolge mehrere Mitteilungen. Kontinuität ist in der Pressearbeit das A&O! Das soll nicht bedeuten, dass Sie sich auf Teufel komm' raus jede Woche ein neues Thema aus dem Ärmel schütteln müssen. Nur wenn es das Thema „hergibt", sollten Sie diese Bühne betreten. Doch bei näherem Hinsehen gibt es

Themen und Anlässe genug, von denen man vermuten kann, dass sie von breiterem Interesse sein könnten: Neue Aufträge beispielsweise, neue Mitarbeiter, neue Dienstleistungen, Marktnachrichten, die in direkter Beziehung zu Ihrem eigenen Unternehmen stehen, positives Kunden-Feedback oder auch nur der Umzug in neue Räumlichkeiten können eine Nachricht wert sein und sind es meistens auch. Greifen Sie relevante Themen aus Ihrem Unternehmen heraus oder stellen Sie eine allgemeine Wirtschaftsnachricht in Beziehung zu Ihrem eigenen Unternehmen.

Beispiel für eine knapp gehaltene Pressemitteilung (je knapper, desto besser!)

Nehmen wir an, Sie sind Inhaber eines Außenwerbeunternehmens mit Sitz in Berlin, das in Großstädten und Metropolen Riesenplakatwände (blow-ups) an 1A-Standorten vermietet. Ihre Kundschaft setzt sich ausschließlich aus globalen Markenunternehmen zusammen, die diese Riesenflächen zu Werbezwecken buchen. Nun veröffentlicht die Nachrichtenagentur XY eine Meldung über den einbrechenden Markt auf dem Gebiet der Außenwerbung. Die Zahlen spielen an dieser Stelle keine Rolle, es handelt sich um eine negative Marktmeldung. Sie lesen das gerade im Wirtschaftsteil einer Tageszeitung. Bei Ihnen sieht Entwicklung jedoch ganz anders aus. Ihre Riesenposterflächen sind ganzjährig durchgebucht oder zumindest gut ausgelastet. Dieser klassische Nachrichtengegensatz ist eine Steilvorlage für Ihre Pressemitteilung. Und die könnte so aussehen:

Überschrift:
Gegen den Markttrend: Riesenposter AG Berlin auf Wachstumskurs

Text:
Berlin. Wie der Geschäftsführer des Berliner Außenwerbeunternehmens Riesen Poster AG, Reiner Riese, mitteilt, erfreut sich das Unternehmen im laufenden Jahr zweistelliger Zuwachsraten. Im Gegensatz zu den ge-

rade veröffentlichten Zahlen des „Verbands Deutscher Außenkleber", der einen drastischen Umsatzeinbruch in der Branche bekannt gab, sieht Riese sein Unternehmen auf einem gesunden Wachstumsmarkt: „Die Nachfrage namhafter Markenhersteller nach unseren Riesenposter-Werbeflächen in 1A-Lagen der Innenstädte hat sich in diesem Jahr spürbar verstärkt. Wir werden in den beiden kommenden Jahren neue Flächen akquirieren, um der anhaltend großen Nachfrage gerecht zu werden." Wie Riese weiter mitteilt, laufen die Geschäfte seiner Riesen Poster AG in ganz Europa gut, mit Ausnahme Frankreichs, wo der Markt seine Sättigung erreicht hat und keine neuen Flächen benötigt werden. Auch in Frankreich hält das Unternehmen laut Reiner Riese einen Spitzenplatz unter den Anbietern von sogenannten „blow-ups". Auf die Frage, wie er sich den positiv gegenläufigen Trend erkläre, meint der Geschäftsführer: „Riesenposter an hoch frequentierten Standorten generieren stündlich Tausende von Blickkontakten und sind daher meiner Meinung nach in ihrer Werbewirksamkeit den herkömmlichen Außenwerbemitteln klar überlegen. Hier zahlt sich eben auch die Größe der Flächen aus, die in dieser Form nur an Fassaden und nicht etwa auf Gehwegen, Mittelstreifen oder Verkehrsinseln realisierbar ist."

Die „Riesen Poster AG" wurde 1999 in Berlin gegründet. Das junge Unternehmen legte seit der Gründung ein gesundes Wachstum an den Tag und eröffnete in den Jahren 2001 bis 2005 sechs weitere Standorte in Straßburg, Mailand, London, Lissabon, Barcelona und Helsinki. Innerhalb weniger Jahre gelang es dem Unternehmen das Vertrauen der Markenartikelindustrie zu gewinnen. Es nimmt heute europaweit Platz zwei der Anbieter in diesem Werbesegment ein.

Berlin, im Januar 2007

Unter jede Pressemitteilung gehören diese Zusatzinformationen:

Pressemitteilung zur freien Verwendung. Um Belegexemplare bei Veröffentlichung wird gebeten.
(Es können auch Sperrfristen für eine Pressemitteilung eingegeben werden!)

Medienkontakt
Vivid Pfiff
Durchweichter Damm 237
14320 Berlin-Klopsenburg
Telefon ++49(0)30 – 333 333 33
Email vivid.pfiff(at)riesenpohsterag(dot)de
Homepage www(dot)riesenpohsterag(dot)com

Diese Pressemitteilung besitzt Aussagewert für die Öffentlichkeit und transportiert „nebenher" noch viele Details zum Unternehmen selbst in die Redaktionen. Ein ausgebildeter Redakteur erkennt den Nachrichtenwert, für ihn ist diese Pressemitteilung in erster Linie bestimmt. Sie sollten jetzt noch ein Foto einstellen, die technischen Möglichkeiten hierzu sind in den Online-PR-Portalen gegeben und es funktioniert denkbar einfach durch Hochladen des entsprechenden Fotos aus einer Ihrer Dateien. Eine Pressemitteilung mit Foto hat einen um das doppelte gesteigerten Aufmerksamkeitswert bei den Lesern. Ganz wichtig sind die Hinweise am Ende der PM (Pressemitteilung). Hier sollte der Ansprechpartner für Öffentlichkeitsarbeit im Unternehmen namentlich genannt werden. Idealerweise handelt es sich bei dieser Person auch um den Autor der PM. Sollten Sie die Pressemitteilung selbst verfasst haben, schreiben Sie bitte dennoch von sich in der dritten Person. Das ist eine wichtige Formalie, an der man auch den Professionalisierungsgrad Ihrer Öffentlichkeitsarbeit ablesen kann. Im Grunde kann man sich einen kleinen Trick beim Abfassen einer PM merken: Verfassen Sie die Mitteilung so, als wäre sie schon mal im Wirtschaftsteil (oder einem anderen Ressort) einer Tageszeitung als Meldung erschienen. Als „Meldung", wohl gemerkt, und nicht als „Reportage"!

So, nun gibt es nach drei Monaten auch drei Pressemitteilungen Ihres Unternehmens, wenn Sie eine größere Firma sind oder mehr mitzuteilen hatten, dann eben mehr. Was tut man nun damit? Es gibt einen „Friedhof" der Pressemeldungen, dahin sollten Sie ihre Mitteilungen nicht verschieben. Natürlich gehören die Pressemitteilungen als Link auf Ihre Homepage, das versteht sich von selbst. Doch auch bei Google kann man sie unter „News" eine Zeitlang abrufen. Die beiden von mir erwähnten Presseportale „openPR" und „businessportal24" führen ein Archiv, das von Dritten abgerufen werden kann. Dass die Online-Presseportale eng mit den Marktführern auf dem Gebiet der Suchmaschinen kooperieren, kommt Ihnen nur zugute. Noch ein Tipp: Nennen Sie den Namen Ihres Unternehmens nach Möglichkeit schon in der Überschrift. Das generiert bessere Treffer bei „Google", „Yahoo", „Fireball", „Lycos" und anderen Suchmaschinen im Netz. Doch damit kein falscher Eindruck entsteht: die klassische Pressemitteilung auf Papier und im Kuvert befördert, bleibt selbstverständlich nach wie vor eine Option. Besonders was die Regionalmedien Ihrer Region angeht, sollte man eine Doppelstrategie fahren. Wirtschaftsteile in regionalen Tageszeitungen stützen sich noch oft auf postalisch eingesandte Pressemitteilungen, denn was in den Online-Portalen steht, wendet sich mehrheitlich doch an nationale und globale Multiplikatoren, das sollte man nicht vergessen. Wenn Sie also eine Pressemitteilung per Post an eine Tageszeitung oder an einen regionalen Fernsehsender verschicken, achten Sie bitte darauf, dass die Mitteilung nicht gleichzeitig auch das Anschreiben ist. Das bedeutet: 1 separates Anschreiben mit zehn bis fünfzehn Zeilen, maximal zwei Seiten für die eigentliche Pressemitteilung und ein Foto. Pressemitteilungen mit Fotos (Grafiken, Illustrationen etc.) werden deutlich stärker beachtet! Sie weisen im Anschreiben darauf hin, dass der Inhalt auch in digitalisierter Form zur Verfügung steht, samt druckfähigem Fotomaterial. Diese Fotos wird der Verlag ohnehin in digitaler Form bei Ihnen abrufen, wenn ein Bericht erscheinen soll.

So wird's gemacht...

- Wenn Sie nicht wissen, wie man eine professionelle Pressemitteilung schreibt, lernen Sie es! Es gibt gute Kursangebote und genügend Literatur in diesem Bereich. Fürs Erste empfehle ich Ihnen einen professionellen Texter, sei es nun ein Werbetexter oder ein Journalist. Nie – wirklich nie – sollten Sie einen selbstgebastelten „Versuchsballon" in die Medienlandschaft loslassen. Es wird daneben gehen!

- Eine gute Pressemitteilung lebt von Fakten – interessanten Fakten! Wenn Sie denken, dass Ihre Firma oder Produkte nicht genügend interessante Fakten hergeben, sollte Ihnen das zu denken geben. Denken Sie also nach - Sie werden Themen und Neuigkeiten finden, die auch Dritte interessieren könnten. Bleiben Sie dabei hart am Thema – es lautet: Ihr Unternehmen, seine Leistungspotenziale und alles, was Sie besser (oder anders) machen als Ihre Konkurrenten. Berichten Sie auch von sich als Unternehmer. Doch tummeln Sie sich nie in Allgemeinplätzen „der Branche" oder der „allgemeinen Nachrichtenlage". Was immer Sie mitteilen, es ist „speziell".

- Betrachten Sie Öffentlichkeitsarbeit nie als eine Art einmaligen „table-dance". Abgesehen von der Tatsache, dass die Wirkung gleich null sein wird, tun Sie sich keinen Gefallen damit, es wäre verschwendete Zeit. Denken Sie an den Köder: Der Blinker erhält seinen Reiz erst durch die Bewegung im Wasser! Bleiben Sie also konstant in Bewegung und schreiben Sie jeden Monat eine Pressemitteilung.

- Kommunizieren Sie Ihre veröffentlichten Pressemitteilungen auch im normalen Briefverkehr mit Kunden. Ein kleiner Hinweis über der Fußzeile eines Geschäftsbriefs genügt: „Bitte beachten Sie unsere letzte Pressemitteilung auf unserer Homepage". Im E-mail-Verkehr sollte ein entsprechender Hinweis als Link unter Ihrer Absenderadresse stehen. Dasselbe gilt erst recht, wenn eine Zeitschrift oder ein Online-Medium Ihre Pressemitteilung aufgegriffen hat. Es ist immer positiv, wenn Sie Ihren Geschäftspartnern zeigen, dass Sie und Ihr Unternehmen im Gespräch sind.

- Es gibt übrigens auch die Möglichkeit, die in den Portalen veröffentlichte Pressemitteilung zu versenden. Als Empfänger kommen hier Ihre Geschäftspartner, Freunde und Bekannte in Frage.

Newsletter

Der Newsletter wird in der Regel an Abonnenten verschickt (Ungebeten ist er „Spam"). Dies kann 14-tägig geschehen, meist kommt er jedoch als monatliches Info-Spektrum in die Mailbox. Kürzere Frequenzen können den Abonnenten schnell nerven, die Bereitschaft, einen wöchentlich erscheinenden Newsletter zu abonnieren, schätze ich bei vielen Menschen heute nicht gerade hoch ein. Ein Newsletter wird von Freiberuflern oder Unternehmen zusammengestellt, von Organisationen oder Institutionen. Er dient in erster Linie zur Informationsübermittlung fach- und themenspezifischer Beiträge. Es gibt noch reine Textletter, aber auch der Einbau von Fotos und Grafiken ist natürlich möglich und inzwischen üblich. Allerdings werden Grafiken inzwischen von vielen E-mail-Programmen geblockt. Die Beiträge sind eher kurz gehalten, der Charakter des Newsletters ist der eines „News-Flashs", eines kurzen Themenüberflugs. Die Beiträge reißen ein Thema an, ohne es auf eine breitere Reflektionsbasis zu stellen. Sinn und Zweck einer Newsletter-Strategie ist es, beim Empfänger Neugierde und Reaktionspotenzial zu generieren. Außerdem können die „Sampler", also die technischen Absender des NL, mittels bestimmter Programme die Weiterverwendung ihrer NL-Aussendung verfolgen und so möglicherweise neue Adressen gewinnen. Newsletter können auch als SMS gesendet und empfangen werden. Der ursprüngliche Community-Gedanke, der dem Newsletter einmal zu Grunde lag, verblasst mehr und mehr. Die Abonnenten versprechen sich von ihrem Abo zumindest teilprivilegierte Informationen, also Nachrichten, die zunächst einem relativ kleinen Personenkreis zuerst und exklusiv übermittelt werden. Es handelt sich dabei um Branchen-Nachrichten, wie Personalien und berufliche Perspektiven, Etats, Events, Sonderberichterstattungen über Tagungen, Seminare, wichtige Meetings und andere Interna. Newsletter transportieren immer häufiger Veranstaltungskalender und bieten den Beziehern, auf welche Weise auch immer, bevorzugte Teilnahmebedingungen an. Das Spektrum ist breit, doch sollte den Abonnenten klar vor Augen geführt werden, dass sie auf Grund des Abonnements in den Genuss eines Privilegs kommen. Wer abonniert, hat etwas davon, am besten über die exklusive Information hinaus. Das ist Sinn und Zweck der ganzen Geschichte – zumindest aus Sicht des Beziehers. Heute stelle ich oft fest, dass Newsletter viel von ihrem exklusiven Charakter verloren haben. Das hat viele Gründe.

Die wichtigsten in Kürze

- Newsletter sind heute ein inflationäres Instrument. Viele bieten ihn an, und viele achten nicht mehr auf den originären Charakter (und Sinn!) dieser Mitteilung.
- Viele Newsletter transportieren nicht wirklich exklusive Inhalte. Das ist einer der Hauptgründe, warum immer mehr Menschen das Abonnementangebot ausschlagen – das jedenfalls ist meine Beobachtung.
- Die meisten Newsletter sind zu Kurzbroschüren verkommen und erhalten so einen rein werblichen Charakter. Viele NL-Architekten scheinen mit der Devise ans Werk zu gehen: „Wenn wir euch nicht mehr über den Postbriefkasten kriegen, dann über eure Mailbox". Das ist kontraproduktiv!
- Der Fairness halber sei gesagt: Web 2.0 wird den guten alten Newsletter verändern oder besser gesagt, neu erfinden. Die althergebrachte Version wirkt inzwischen ein wenig antiquiert. Ich nehme hiervon ausdrücklich jene NL aus, die tatsächlich exklusive Kurzinfos ansprechend und zeitsparend aufbereiten und mich in eine kleine Privilegienwelt locken. Ich lese Newsletter, sobald sie Relevanz beweisen. Auf die anderen kann ich verzichten.
- Sogenannte „Engines" zur Produktion von NL gibt es inzwischen eine Menge. Und wie das bei „Motoren" so ist, kosten die kleinen PS-Versionen ein paar hundert Euro, die Bentleys schon mal ein paar hunderttausend.
- Wer Newsletter als Marketinginstrument einsetzen möchte, sollte sich zunächst über den Umfang und die Follow-up-Strategien seines Vorhabens klar werden. Betrachte ich den NL als einfaches Kun-

denservice-Instrument oder baue ich etwa meine Marektingstrategie darauf auf?

- Newsletter sind in erster Linie ein Kundenbindungsinstrument, können mit entsprechendem Aufwand aber sehr wohl zu einem beachtlichen Kundengewinnungsinstrument ausgebaut werden. Strategiefrage!
- Newsletter werden abonniert und sollten bei jedem Versand einen Abmeldelink enthalten.

DAS TELEFON
ALS AKQUISE-INSTRUMENT

Vor dem Telefon fürchtet sich niemand mehr – außer Menschen, die sich das Telefonieren in bestimmten Situationen grundsätzlich nicht zutrauen. Wunder Punkt, richtig? Es existiert sehr viel Literatur zum Thema „Akquise am Telefon". Und es gibt viele erfolgreiche Verkäufer, die das beherrschen, ich bewundere das. Leute greifen zum Telefon und rufen einen Entscheider an, um ihm etwas zu verkaufen. Die Rede ist von der Kaltakquise per Telefon. Offen gesagt - ich halte nicht viel davon. Für viele Unternehmen im kreativen Dienstleistungsbereich ist die telefonische Kaltakquise sogar kontraproduktiv, da man sich am Telefon um die Darstellungsmöglichkeiten der eigenen Leistungen selbst betrügt. Wie kann ich meine Beratungskompetenz am Telefon beweisen, wie meine Kreativität? Wie kann zum Beispiel ein regionaler Internet-Provider seine Mehrwertdienste demonstrieren, wie könnte ein Logistikunternehmen seine neu erworbene Software-Kompetenz im Bereich „eBusiness" telefonisch in Szene setzen? Viele Dienstleistungen sind heute so komplex, dass sie mit einem Kaltakquiseanruf ganz sicher unter Wert gehandelt würden. Allen kreativen Freelancern rate ich auch davon ab. Schicken Sie einen schönen Brief voraus, danach kann man anrufen. Dann ist es ein „Nachfassanruf" und keine Kaltakquise mehr.

Man kann alles Mögliche am Telefon anbieten, solange ein vorführbares, kompaktes und wirklich einfach zu erfassendes Produkt dahinter steht. Es funktioniert vielleicht, wenn man anbietet, gleich vorbeizukommen, um das Produkt XY vorzuführen. Neue Sicherheitsschuhe für weiterverarbeitende Industriebetriebe in der Metallindustrie beispielsweise kann man, wenn gewünscht, vor den Augen des Entscheiders in alle Einzelteile zerlegen. Das Gleiche gilt für die abgleitfesten, da neuerdings geriffelten Einwegspritzen für Großabnehmer wie Krankenhäuser oder Groß-Labore. Aber Dienstleister verkaufen keine Sicherheitsschuhe oder abgleitfeste Einwegspritzen. Unsere Ware heißt in erster Linie: persönliche Überzeugungskraft plus Vertrauen. In guten Büchern über Kaltakquise am Telefon lese ich eine Menge kluger Dinge, wie man das „richtige" Telefonieren erlernen kann. Dass man beispielsweise beim Telefonieren nicht eingeknickt sitzen sollte, steht dort. Dass man seine Notizen neben dem Telefon liegen haben sollte und dass man auf seine Mimik beim Telefonieren achten sollte (lächeln!). Das ist alles richtig. Wer am Telefon ein miesepetriges Gesicht zieht, transportiert diesen Gesichtsausdruck als Schwingung in die Gesprächsatmosphäre. Der Hinweis in der Fachliteratur, dass man besser im Stehen oder Gehen telefonieren sollte, ist durchaus richtig und angebracht, denn die Atemtechnik während des Telefonats entscheidet mit über den Entspanntheitsgrad der Stimme. Übungen vor einem Spiegel sind ebenfalls sinnvoll, um Haltung und Mimik zu kontrollieren. Wer also in seinem Bereich die telefonische Kaltakquise für ein probates Mittel hält, den möchte ich nicht demotivieren. Für alle anderen, deren Dienstleistungen komplexer Natur sind (und das sind Dienstleistungen meistens), gilt eine Regel, die ich mir kompromisslos zu eigen gemacht habe: Ein gutverfasster Brief und ein genau so gut vorbereiteter Nachfassanruf sind der telefonischen Kaltakquise immer vorzuziehen. Vom „zufälligen" und unangemeldeten Auftauchen vor einem Entscheiderschreibtisch (sollte man überhaupt dorthin gelangen) einmal ganz zu schweigen. Wer seinen eigenen Terminplan kennt, kann sich an fünf Fingern ausrechnen, wie wertvoll die Zeit auch für jene Menschen ist, die wir mit unserem plötzlichen Auftauchen beglücken. Es kann in den meisten Fällen nur peinlich wirken. Ähnlich sieht es, wie gesagt, beim Kaltakquiseanruf aus.

Warum?

Jeder kalte Anruf setzt alles auf eine Karte: Wer sich hier ein „Nein, danke!" abholt, ist für weitere Akquisemühen erst einmal „gesperrt". Es macht wenig Sinn, sich am Telefon einen Korb zu holen und danach noch einmal mit einem Brief zu debütieren. Es sollte umgekehrt sein. Zu diesem Thema finden Sie in den Beiträgen über den „Erstbrief" und den „Nachfassanruf" umsetzungsfähige Gedanken. Wer sich mit einem Kaltakquiseanruf „verbrennt", bringt sich für geraume Zeit um die zweite Einstiegschance beim selben Entscheider, so viel steht fest. Der „kalte Anrufer" macht es dem Angerufenen ziemlich leicht, ihn abzuwimmeln. Nirgends geht das besser als am Telefon. Jeder weiß das und hat es auch schon mal selbst so erlebt. Hinzu kommt, dass der Angerufene praktisch keine Chance hat, sich über die angebotene Dienstleistung im Vorfeld zu informieren. Das entzieht dem Telefonat einen bedeutenden Teil der Gesprächsgrundlage. Es existiert von vorn herein eine äußerst ungleiche Verteilung von Informationen – das mögen die kalt Angerufenen überhaupt nicht. Mit ein Grund, warum sie das Telefonat rasch beenden möchten. Nun wenden einige an dieser Stelle zurecht ein, dass ein Kaltakquiseanruf schon erfolgreich ist, wenn ein Termin dabei herauskommt. Abgesehen davon, dass dies nach meinen Erfahrungen sehr selten der Fall ist, bleibt ein Beigeschmack: der „aufgeschwatzte" Termin. Sie müssen damit rechnen, dass Ihr Telefonpartner den Termin nach zwei Tagen wieder verschiebt oder ihn ganz streicht. Das erledigt dann die Sekretärin mit einem knappen Anruf. Der Kaltakquise folgt sehr oft schon nach wenigen Stunden die kalte Absage. Die Taktik der Überrumpelung verliert für den Angerufenen schnell an Charme, nachdem er in einer ruhigen Minute das Zustandekommen dieses Termins noch mal Revue passieren lässt. Den meisten Entscheidern schmeckt der kalte Anruf nicht.

Kurzanalyse „Telefonakquise"

- Die Erfolgsquote der telefonischen Kaltakquise für komplexe Dienstleistungen ist niedrig . Sie bieten dem Angerufenen mit der Überrumpelungstaktik in Wahrheit eine offene Flanke, die er rasch nutzen wird: um Sie abzuwimmeln.

- Kaltakquise am Telefon eignet sich nicht für hochwertige Dienstleistungen, deren Wert und Mehrwerte zu komplex sind, um sie am Telefon nachvollziehbar und überzeugend zu erklären.

- Niemand, der überraschend angerufen wird, ist erfreut, sich langatmige Erklärungen eines wildfremden Menschen anhören zu „müssen".

- Sie strapazieren nicht nur die Geduld des Angerufenen, sondern auch sein knappes Zeit-Budget. Mit der telefonischen Kaltakquise reduzieren Sie Ihre Chance, mit einem zweiten, diesmal professioneller gestalteten Versuch treffsicherer zu landen. Ein einmal abgelehntes Angebot wird selten noch einmal in den positiven Erwägungsbereich gelangen – wenn doch, dann mit emotionalen Vorbehalten seitens des Entscheiders.

DER BRIEF
"The medium is the mess(age)"
Die Handarbeit des Briefschreibers

Der Abgesang auf den Brief Ende der neunziger Jahre wirkt heute rückblickend ähnlich befremdlich wie die Prophezeiungen von „Friedensforschern" Mitte der Siebziger, die den atomaren Overkill der damaligen Supermächte als unausweichlich bezeichneten. Zu den Hochzeiten der „New Economy" hieß es, dass E-mail und Internet dem Brief den Garaus bereiten würden. Dem Buch war eine Gnadenfrist gewährt (wir wollen mal nicht so sein!). Nur noch Glückwunschkarten an Tante Klara bedürften der Briefform; Briefe wurden allgemein als „Schne-ckenpost" deklariert. Nicht nur Analphabeten freuten sich über die erlösende Nachricht, auch Schriftkundige konnten es gar nicht mehr erwarten, statt des Briefs nur noch E-mails zu verfassen. Unbestreitbar hat sich die E-mail den ihr gebührenden Platz im täglichen Geschäfts-verkehr gesichert; der Nutzen dieser Mitteilungsform für den ökono-mischen Alltag ist unstrittig. Doch die im Jahr 2007 verschickten 40 Milliarden E-mails können den Status eines auf Papier verfassten und handschriftlich unterzeichneten Briefes keineswegs schmälern – im Gegenteil.

Brief und E-mail stehen nicht mehr im Wettbewerb zueinander. Die massenhafte Verwendung des einen wertet den anderen nur noch weiter auf. Der Brief ist eine der ältesten Mitteilungsformen des Men-schen. Wir wissen nicht genau, wann der erste Mensch zu Papyrus, ei-ner Tontafel oder einem uns noch unbekannten Objekt griff, und seine Botschaften darauf schrieb. Es sind im Zweifelsfall eher fünftausend als zweitausend Jahre. Fest steht indes, dass der legendäre Marathonläufer, der 490 v. Chr. den Sieg der Athener über die Perser in der Ebene von Marathon verkündete und dann sterbend in Athen zusammenbrach, einen Wendepunkt in der Geschichte mündlicher Überlieferungen darstellt. Diese Begebenheit ist historisch unverbürgt, dennoch gab sie dem Lauf der Dinge ihren sprichwörtlichen Namen. Der Mara-thonläufer war zwar unglaublich schnell vom Schlachtgeschehen in die Hauptstadt gelangt, doch hielt er nichts in Händen, was nach seinem Tod noch als Beweis für den Sieg der Athener hätte gelten können. Wir verlassen uns seither lieber auf schriftliche Nachrichten, wobei man zu-geben muss, dass der Wahrheitsgehalt eines Briefes den einer mündlich überbrachten Botschaft nicht in jedem Fall übertrifft. Es geht auch gar nicht um Wahrheit oder Lüge bei diesem Thema. Der Brief auf Papier und der handschriftlich gezeichnete Name des Absenders signalisieren uns etwas sehr viel Wichtigeres: die Wertschätzung für den Empfänger und die Selbstachtung des Absenders. Es ist und bleibt ein qualitativer

Unterschied, von etwas nur Notiz zu nehmen oder einen Brief zu erhalten. Die E-mail ist eine Notiz, der Brief eine Botschaft.

Man kann sich rasch darauf einigen, dass E-mails kommunikative Massenware sind. Das muss nicht zwangsläufig die Bedeutung ihrer Inhalte schmälern. Doch wie der alte Marshall McLuhan 1964 bereits feststellte:

„Denn die ‚Botschaft‘ jedes Mediums oder jeder Technik ist die Veränderung des Maßstabs, Tempos oder Schemas, die es der Situation des Menschen bringt.“

(Marshall McLuhan, 1911-1980, Kommunikationswissenschaftler, Medientheoretiker, veröffentlichte im Jahr 1964 sein wohl bekanntestes Werk „Understanding Media" (dt. Ausg.: „Magische Kanäle, 1968)

Geht es um Maßstäbe, wenn wir über den Brief als Kommunikationsmittel beim Aufträgeangeln reden? Ja! Der Erstkontakt setzt den Maßstab für alles Weitere. Wer mit einer E-mail auf Kundenfang geht, wird vom Empfänger dort eingeordnet, wo die meisten E-mails bei ihm landen: auf dem elektronischen Grabbeltisch seiner Notizen. Unsichtbar, da im Programm verborgen, haptisch nicht erlebbar, emotional unter Null und irgendwann durch den Klick auf das Lösch-Icon verschwunden. Die Rede ist vom E-mail-Erstbrief des Aufträgeanglers an einen potenziellen Kunden. Es soll sogar Leute geben, die sich per Email um eine Arbeitsstelle bewerben. Es muss sich doch inzwischen herumgesprochen haben, dass die E-mail als Mitteilungsform für bestimmte Zwecke einfach nicht in Frage kommt. Das hat weder etwas mit „Anstand" oder „Etikette" noch sonst einem pietistischen Gefühl zu tun, sondern mit ganz handfesten Wahrnehmungsmustern. Der Erstbrief eines Dienstleisters sollte als erlebbare „Größe" auf dem Tisch des Entscheiders landen. Das bewirkt nur der Brief, mit ihm setzt er sich auseinander. Ein Brief „verschwindet" nicht einfach wie eine E-mail. Die rein physikalische Anwesenheit eines Briefs auf dem Schreibtisch ist ein steter Erinnerungsposten und wenn Sie dann zwei, drei

Tage später ihren Nachfassanruf vornehmen, wird dieser Brief noch in lebhafter Erinnerung sein. Möglicherweise hat sich der Empfänger auch schon Stichworte darauf notiert, da Sie im Brief angekündigt haben, ihn anzurufen. Es gibt diese Entscheider noch, deren Interesse durch einen Brief geweckt wird und die sich tatsächlich mit dem Inhalt auseinandersetzen. Darauf sollte man immer vorbereitet sein.

Neben der Erkenntnis, dass es nur ein Brief sein kann, mittels dessen man sich einer bestimmten Person vorstellt, gehört natürlich auch das Know-how, wie dieser Brief optimal verfasst wird. Der schwierigste Part ist der Briefeinstieg. Doch bevor ich mit Beispielen aufwarte, fassen wir das Wichtigste noch einmal zusammen, was Sie vor dem Verfassen des Erstbriefes per Checkliste getan haben, um mit diesem Brief die Relevanzmauer beim Empfänger zu durchbrechen. Ich schildere zunächst das alltägliche Angler-Szenario vor dem eigentlichen „Start":

Sie haben sich eine Handvoll oder mehr Unternehmen ausgeguckt, mit denen Sie gerne zusammenarbeiten möchten. Die Produkte dieser Unternehmen sind Ihnen bekannt, Sie kennen sie möglicherweise aus eigener Anschauung und überhaupt könnten Sie sich vorstellen, dass Ihre Dienstleistung dort auf Interesse stoßen könnte. Da man nur ungern etwas anbrennen lässt, haben Sie sich planmäßig eine Recherche-Matrix zu diesen Unternehmen erstellt,

die sieht so aus:

- Unternehmenskennziffern: Produktpalette, Umsatzzahlen, Zahl der Mitarbeiter im In- und Ausland, Einstellungen / Entlassungen, ggf. Kursentwicklung der Aktie, Marktentwicklung, Geschäftsbericht an eine neutrale Adresse zusenden lassen
- Interne Fakten: Namen der Entscheider und ihre jeweiligen Positionen im Unternehmen, ermitteln Sie hier besonders sorgfältig!

- Medien-Scanning: Pressemeldungen sammeln, Konjunkturprognosen für die Branche sammeln, Positiv- und Negativmeldungen zum Unternehmen selbst, zur Branche und zum Führungspersonal
- Wettbewerbsanalyse: Schauen Sie sich die Konkurrenten „Ihrer" Unternehmen genau an: Wie stehen sie da? Analysieren Sie den Wettbewerb so gut es geht. Es ist sicher Gesprächsstoff beim ersten Treffen.

Und nun kommen wir zum ersten denkbaren Szenario. Sie haben gute Recherchearbeit geleistet und starten Ihren ersten Brief an den oder die Entscheider. Ich empfehle Ihnen, maximal zwei Personen in den Zielunternehmen anzuschreiben. Dann bleibt es für Sie relativ überschaubar und es führt dazu, dass Ihr Brief nicht in der gesamten Führungsriege „diskutiert" wird. Sie können in diesem Stadium ohnehin sehr wenig steuern, und in dieser Lage sollte man potenzielle Risiken umgehen.

Ich gebe Ihnen vier Beispiele für Texteinstiege im entscheidenden Erstbrief. Zunächst jedoch eine kurze Erinnerung, welches zusätzliche Informationsmaterial Sie diesem Brief beilegen sollten:

- Unternehmens-Porträt (Broschüre oder Folder o. ä.)
- Visitenkarte / URL-Adresse / E-mail
- Als Freiberufler: ein kurzer beruflicher Lebenslauf mit Kundenreferenzen
- Wenn vorhanden: Presseartikel zu Ihrem Unternehmen oder Ihrer Arbeit als Freiberufler

Faxantwort-Formular

Fax – fast ein prähistorischer Begriff. Wer benutzt noch Fax? Entgegen einer weit verbreiteten Einschätzung, dass es nur noch wenige tun, wird das Telefax zu ganz bestimmten Zwecken noch fleißig genutzt. Auch Sie sollten Ihrem Erstbrief ein Fax-Antwortformular beilegen.

Warum? Die Antwort erschließt sich Ihnen, nachdem Sie den Inhalt und Aufbau dieses Formulars gelesen haben:

Ihr Absender (Vollständiger Name, Adresse, Telefon- und Faxnummer, E-mail und Homepage)
Sehr geehrte Damen und Herren,

wir würden uns freuen, wenn Sie uns Ihr Interesse an unserer Dienstleistung mit folgenden Einschätzungen signalisieren könnten:

Sie haben unser Interesse geweckt.
Bitte rufen Sie mich unter der Telefonnummer _____ an.

Zurzeit besteht wenig Bedarf, aber melden Sie sich doch noch einmal

        - in vier Wochen
        - im April
        - im Mai
        - zu Beginn der 2. Jahreshälfte

Mein Name_____Position_____
Telefon_____

Mit diesem Fax-Antwortformular lassen Sie den Kontakt nicht in einer Sackgasse enden. Sie öffnen dem Empfänger und sich selbst ein Zeitfenster und bieten eine zusätzliche Option an. Das ist Sinn und Zweck der Sache. Ich habe gute Erfahrungen mit diesem Fax-Antwortformular gemacht. Bei einer Aussendung von fünfzig Briefen kamen acht ausgefüllte Faxe zurück. Einer der Empfänger zeigte gar kein Interesse, einer bat mich, ihn gleich anzurufen, und der Rest nutzte die Zeitfensteroptionen. Weisen Sie den Empfänger am Schluss Ihres Brief auf die Existenz des Antwortfaxformulars noch einmal ausdrücklich hin. (Nicht mit der Aufforderung, es auszufüllen, nur darauf hinweisen, dass es beiliegt!) Im Übrigen bleibt die Option bestehen, dass Sie ihn drei bis vier Tage nach dem Absendetag des Briefs anrufen. Sie können den Inhalt des Antwortfaxbriefs auch erweitern, in dem Sie ihm weitere Ankreuz-Optionen zu möglichen Gesprächsthemen bieten, aber bitte: Übertreiben Sie es nicht mit der Anzahl der Ankreuzoptionen, es nutzt sich rasch ab und sieht für den Empfänger nach Arbeit aus – das sollten Sie Entscheidern stets ersparen...

Texteinstiege bei Briefen zählen für viele Menschen zu den schwierigsten Prüfungen Ihres Berufslebens. Ich bin immer wieder erstaunt, wie schnell an diesem Punkt Verzweiflung aufkommt, auch bei Menschen, deren rhetorische Begabungen ich sonst bewundere. Woher kommt also dieser seltsame Widerspruch zwischen der Sprachleistung auf der einen und der Schwäche im schriftlichen Verfassen auf der anderen Seite? Ich denke, dass die meisten Menschen immer glauben, sie müssten in einem Brief anders „reden", ein „anderer" sein, als der sie wirklich sind. Das stimmt natürlich nicht. Es trifft zu, dass ein Brief an bestimmte Formen gebunden ist, zumal, wenn es sich um einen Geschäftsbrief handelt. Ich setze an dieser Stelle einfach mal voraus, dass jeder Selbständige weiß, was die formellen Erfordernisse an einen einfachen Geschäftsbrief sind. Es bleibt auch nicht sehr viel falsch zu machen, wenn ich von einem normalen A4-Briefbogen ausgehe. Das Wichtigste ist, dass Sie sich entspannen, bevor sie den ersten Angelbrief schreiben. Starten Sie nie in gestelztem Ton, nehmen Sie Abstand von förmlichen Floskeln und achten Sie auf Relevanz bereits im ersten Satz.

Texteinstieg Beispiel 1
„Gebäude- und Raum-Management-Unternehmen stellt sich vor"

Sehr geehrte Frau Leimichaus,
in jedem Unternehmen existieren Sparpotenziale bei den Nebenkosten der

firmeneigenen Räumlichkeiten. Unser Unternehmen verfügt über eine eigens für diese Zwecke entwickelte Software, mit deren Hilfe wir Ihnen einen auf Ihr Unternehmen zugeschnittenen Kostenplan erstellen können. Alles kommt auf den Prüfstand, insbesondere die monatlichen Reinigungskosten, die einen beträchtlichen Faktor darstellen. Dabei wird für Sie klar ersichtlich, wo sich Einsparpotenziale in Ihrer Kostenstruktur befinden und wie wir sie ohne Qualitätsverluste nutzen. Diese auf Ihr Unternehmen zugeschnittene Kostenanalyse erstellen wir Ihnen kostenlos...etc.

Texteinstiegsanalyse

Relevanz! Und das bitte schon im ersten Satz. Die Reizworte in diesem Beispiel lauten „Sparpotenziale" und „Nebenkosten". Diese Vokabeln sind so häufig und geläufig, da muss nichts erklärt werden. Dann betritt die eigens entwickelte Software die Argumentationsbühne, mit deren Hilfe Sie die Kosteneffizienz von Nebenkosten in Unternehmen prüfen und verbessern können. Auch wenn Sie über diese Software nicht verfügen, sind Sie sicher in der Lage, ein individuell zugeschnittenes Angebot zu erstellen, das denselben Effekt verspricht. Ein verlockendes Angebot. Spätestens hier wird die Empfängerin Ihres Erstbriefs hellhörig. Sie bieten dem Unternehmen eine kostenlose Analyse der Nebenkosten an – darauf lässt sich eine Gesprächsarchitektur für ein erstes Treffen aufbauen. Mit diesem Brief haben Sie sich nach vorne geschoben, ohne sich zu weit aus dem Fenster zu lehnen. Sie treten weder als Bittsteller noch als plakativer Verkäufer auf. Sie haben etwas zu bieten und Ihr prospektiver Kunde etwas zu gewinnen. Sie kreieren eine klassische Gewinnsituation für beide Seiten, die in einem persönlichen Treffen weiter ausgelotet werden kann. Dass Sie diesen Termin wünschen, machen Sie selbstverständlich im letzten Satz Ihres Briefes deutlich.

Und wer ist Frau Leimichaus? Sie ist Geschäftsführerin eines bundesweit tätigen Zeitarbeit-Unternehmens mit Filialen in acht deutschen Großstädten. Ihre genaue Position haben Sie zuvor ermittelt; sie ist die Top-Entscheiderin. Wenn es um Kosten geht (und es geht immer darum), sollten Sie neben der Geschäftsführung auch an Prokuristen und Einkäufer denken, die in jedem mittelständischen Unternehmen erheblichen Einfluss ausüben. Das wäre in diesem Fall die zweite Person, die Ihren Erstbrief erhält. Denken Sie daran, dass mehr als zwei Erstbriefe ihrem Ziel eher abträglich sind.

Texteinstieg Beispiel 2 - „Werbeagentur stellt sich vor"

Sehr geehrter Herr Sprinter,

mit Interesse verfolge ich die Werbeaktivitäten Ihres Unternehmens im Printbereich. Mir fiel dabei auf, dass die einzelnen Werbeauftritte der Dachmarke bundesweit zum Teil stark voneinander abweichen. Ich frage mich natürlich, warum dies so ist und wende mich deshalb heute direkt an Sie. Eigentlich sprechen relevante Untersuchungen sowie markenstrategische Überlegungen für den einheitlichen werblichen Auftritt einer Marke. Das bestätigen auch unsere Werbeerfolgskontrollen, die wir als Serviceleistung für Neukunden der Agentur regelmäßig durchführen.

Unsere Agentur arbeitet für Filial-Händler der Sportswear-Branche und hat sich besonders im Bereich „Jugendmarketing" einen Namen gemacht.....etc.

Texteinstiegsanalyse

Souverän! In diesem Brief wird das Angebot einer Zusammenarbeit zunächst nur angedeutet. Dafür steht im ersten Satz die besondere Aufmerksamkeit des Absenders im Mittelpunkt. Der Empfänger registriert, dass jemand sein Unternehmen „beobachtet" und sich bereits Gedanken zu marketingspezifischen Details gemacht hat. Das kommt gut an. Die folgenden Sätze belegen, dass der Briefschreiber einen (vermeintlichen?) Widerspruch in der Werbestrategie des Unternehmens entdeckt hat und nimmt dies selbstbewusst zum Anlass, mit dem Entscheider direkt Kontakt aufzunehmen. Hier bewegen wir uns auf einer sachlichen Ebene, die beim Empfänger keine emotionalen Widerstände auslösen kann, im Gegenteil, vielleicht sieht der genau hier Gesprächsbedarf. Und dann kommt noch ein Angebot: die Werbeerfolgskontrolle. Jeder, der für Werbung Geld ausgibt, wird sich oder Dritten irgendwann darüber Rechenschaft ablegen müssen, was das Geld bewirkt hat, ob es an den richtigen Stellen eingesetzt wurde und ob es möglicherweise Optimierungspotenziale gibt. Das versteckt gemachte Angebot trifft also wieder den Kern unternehmerischen Denkens: die Kosten. Im Übrigen wird Herrn Sprinter bewusst, dass der Absender kein unbedarfter in der Branche ist, und das schreibt er ihm gedanklich auf die Plusseite. Dass sich die Werbeagentur im Bereich Jugendmarketing profiliert, wird einem Sportswear-Produzenten gewiss auch recht sein. Der Brief ist ein Beispiel für die „Trippeltechnik", die über geschickt gesetzte Relevanzpunkte die Aufmerksamkeit des Empfängers aktiviert.

Herr Sprinter ist der Geschäftsführer eines Unternehmens, das Sportswear produziert und seine Produkte ausschließlich über den Fachhandel vertreibt. Der zweite Adressat kann (!) in diesem Fall der Marketingleiter (Werbeleiter) sein, denn unter seiner Verantwortung läuft die momentane Werbestrategie. Aber aufgepasst: Sie werden nur den Geschäftsführer anrufen. Vergessen Sie also nicht, den entsprechenden Hinweis im Brief nur in der für ihn bestimmten Briefversion anzubringen. Grund: Wenn Sie die Werbestrategie des Unternehmens in Frage stellen, und das tun Sie mit diesem Brief zumindest unterschwellig, sollten Sie nicht mit der Person zuerst reden, die dafür (zumindest offiziell) verantwortlich zeichnet. Die Gründe, warum Sie sich bei ihm eine kalte Abfuhr holen könnten, liegen auf der Hand. Wer wird schon gern von externen Fachleuten auf Strategiefehler aufmerksam gemacht, die einem im Zweifelsfall als Fehler angekreidet werden? Schaffen Sie vollendete Tatsachen und reden Sie zunächst nur mit dem Chef. Der wird im Ernstfall die Verantwortung für begangene Fehler auf die zweite Garnitur abschieben und sich trotzdem mit Ihnen treffen wollen. Sie treten in diesem Zusammenhang nicht als Kritiker auf und sind fein raus.

Texteinstieg Beispiel 3 - „ Internetdienstleister präsentiert sich"

Sehr geehrter Herr Freudentanz,

die Weichen für den Einzug der neuen Internettechnologien in den Media-Mainstream sind gestellt. Sowohl die elektronischen Medien als auch die klassischen Printmedien sehen sich mit revolutionierenden Umwälzungen konfrontiert. Die Akzeptanz des Publikums gegenüber dem Internet als Konkurrenzmedium zu Fernsehen und Printmedium hat die kritische Größe erreicht. Sicher ist die Entwicklung auch in der Führungsetage Ihres Unternehmens bereits Gesprächsstoff und spielt bei Entscheidungen schon eine Rolle. Moderne Internetdienstleistungen und -technologien bieten Fernsehsendern und Verlagshäusern ein Mehrwert-Marketing in einem bislang noch nicht da gewesenen Ausmaß. Unser Leistungsspektrum erstreckt sich dabei von der Pflege und dem Ausbau Ihrer heutigen Aktivitäten in diesem Bereich bis hin zur Schaffung neuer Geschäftsfelder unter Ihrem Markendach. Innovationen und die Kreation neuer Profit-Center prägen die Zukunft des Medienmarkts. Es geht um die Zukunft Ihrer Marktanteile in diesem atemberaubenden Prozess.

Wir bieten Ihnen heute die seltene Gelegenheit, das gesamte Spektrum der Entwicklungen auf diesem Gebiet kennen zu lernen und öffnen Ihnen den Türspalt, um einen Blick in die Zukunft digitaler Vermarktungskonzepte zu werfen. Ich darf Sie und einen Gast Ihrer Wahl zu unserem Medien-Seminar

„Urknall im Mediaversum? - Digitale Wertschöpfungsketten in Ihrer Medienstrategie"

herzlich einladen. Dieses Abendseminar ist ausschließlich für Führungs-
kräfte der Medienindustrie konzipiert. Es erwarten Sie ausgewiesene Ex-
perten-Vorträge sowie konkrete Umsetzungsmodelle für Ihre Vermarktungs-
strategien... etc.

Texteinstiegsanalyse

Zugzwang! Dieser Texteinstieg ist ein Paukenschlag. Wer so einsteigt, muss auch was abliefern. Mit dieser offensiven Ansprache setzen Sie jeden Empfänger unter Druck. Die entschlüsselte Botschaft lautet: ‚Wer jetzt nicht reagiert, verpasst entscheidende Weichenstellungen!' Außerdem haben Sie einen der wichtigsten Verbündeten auf Ihrer Seite – die Medien selbst. Es vergeht kaum keine Stunde, wo nicht in irgendeinem Fernsehkanal, in irgendeiner Zeitung oder Zeitschrift die Themen der kommenden digitalen Marketingwelten ventiliert werden. „Handlungsdruck" ist noch eine eher kühle Umschreibung dessen, was an kurzfristigen Entscheidungen notwendig ist. Das wissen die Entscheider in den Medien-Etagen nur zu gut und suchen sich jetzt die passenden Umsetzungspartner. Denn hier kann nichts mehr ohne Sachverstand von außen weiter entwickelt werden. Sollten Sie sich in der glücklichen Lage befinden und auf diesem Gebiet über genügend Know-how, Kontakte und letztlich Umsetzungskompetenz verfügen, dann packen Sie den Stier bei den Hörnern. Doch bitte - auch auf diesem Gebiet gibt es genügend Wettbewerber und wir alle wissen inzwischen, dass Größe allein auf diesem Wachstumsmarkt nicht immer ausschlaggebend ist. Ideen werden zur Ware – und zu Geld.

Doch zurück zum Brief. Die ersten Sätze dramatisieren das Thema, erhöhen die Pulsfrequenz. Es werden zahlreiche Lockköder ausgelegt, etwa wenn von „Mehrwert-Marketing" die Rede ist oder von der „Erweiterung der Wertschöpfungskette". Doch das Entscheidende in diesem Brief ist sicher die Einladung zum Führungskräfte-Seminar. Erneut steht ein konkretes und diesmal sehr exklusives Angebot im Raum. Es geht dabei um Wissensvermittlung auf höchstem Niveau. Ein echter

„Blinker", denn exklusive Wissensvermittlung weckt den Futterneid im Goldfischteich. Hier geht es weniger darum, findige und räuberische Hechte anzulocken, die im letzten Augenblick doch noch die Biege machen könnten. Vielmehr handelt es sich bei dieser Zielgruppe um eine Ansammlung von Koi-Karpfen, die nun entsprechendes Futter erwarten. Das Anbeißen scheint jetzt nur noch eine Frage der Zeit. Aber, Vorsicht! Beim Thema „Internet" oder „Neue Medien" existieren nach wie vor negative Erinnerungsreserven in den Entscheideretagen. Das Desaster der New-Economy-Ära ist vielen noch in lebhafter Erinnerung. Treten Sie sachlich auf, präsentieren Sie sich „unhysterisch". Keine euphorischen Ausblicke, dafür eine nüchterne Umsetzungsstrategie. Doch zunächst muss der Fisch anbeißen. Warum bringe ich dieses eher extreme Briefbeispiel überhaupt? Ich denke, dass man es auf die eigenen Dimensionen abspecken kann. Hier ist eine gesunde Selbsteinschätzung gefragt. Es geht mir um die Architektur des Briefaufbaus; er ist Ihrem Maßstab entsprechend übertragbar.

Texteinstieg Beispiel 4 - „ Grafik-Freelancer stellt sich vor"

Sehr geehrte Frau Kurzwege,

dass man mit sogenannten „Einzelkämpfern" Geld sparen kann, ist sicher nicht das einzige Argument, wenn Unternehmen statt einer Werbeagentur eine freie Grafikerin wie mich engagieren. Es ist schon richtig: Ich ziehe keinen vergleichbaren Kostenschweif hinter mir her und bin mit meinen Honoraren flexibler als andere. Aber ist das alles, oder zählt für Sie doch mehr?

Zwei Jahre nach meiner Diplomarbeit habe ich ein zweites, viel wichtigeres Diplom erhalten: die Zufriedenheit meiner Kunden. Sie schätzen meine Motivation, die Freude an kreativen Lösungen und sie freuen sich über wahrnehmbare Erfolge durch meine Beratung. Ich finde außerdem, dass werbliche Konzepte in der Realität genau so gut aussehen sollten, wie auf Papier. Aus diesem Grund würde ich mich gerne einmal mit Ihnen über die Resultate Ihrer bisherigen werblichen Aktivitäten unterhalten. Vielleicht gibt es Optimierungsbedarf – oft ist es so. Und „nebenbei" lernen Sie mich und meine Arbeit kennen. Habe ich Sie neugierig gemacht?...etc.

Texteinstiegsanalyse

Offensiv, offen! Im Grunde könnte Ihr Brief an dieser Stelle schon enden, sieht man von der fehlenden Abschluss- und Höflichkeitsformel einmal ab. Doch bevor Sie den Brief damit schließen, machen Sie die Empfänger noch auf ihr beigefügtes Referenzmaterial aufmerksam. Es könnte eine CD sein oder Farbausdrucke Ihrer Arbeiten. Der explizite Hinweis auf Ihre Homepage sollte natürlich nicht fehlen, denn dort können sich potenzielle Auftraggeber über Ihr Leistungsspektrum umfassend informieren. Bitte achten Sie darauf, dass Ihre mitgeschickten Arbeitsbeispiele weder Eselsohren noch andere Gebrauchsspuren aufweisen. Es sollte sich um keine Lose-Blatt-Sammlung handeln, sondern um eine stabile Präsentationsform. Nicht zuviel mitschicken, es sollte noch genügend Material für das persönliche Treffen übrig bleiben. Eine knapp gehaltene Referenzliste ihrer wichtigsten Kunden sollte aber nicht fehlen; ein ungestaltetes A4-Blatt mit einer strukturierten Auflistung genügt in diesem Fall. Zur Tonalität des Briefs möchte ich generell erwähnen, dass sich Freelancer ruhig etwas zutrauen sollten. In meinem Beispiel für einen gelungenen Texteinstieg wird das deutlich, denke ich. Sie müssen sich nicht verstecken, im Gegenteil. Die oft gezogenen Vergleiche zwischen Freelancern und Werbeagenturen betreffen in erster Linie das Kostenargument. Doch Sie sollten sich darauf nicht selbst reduzieren. Ich kenne Freelancer, die mit diesem „Argument" ostentativ zum Angeln gehen. Die wundern sich dann, wenn nur kleine Fische das wirklich „interessant" finden und selbst jetzt feilschen sie noch tagelang um die Honorare. Kleines zieht Kleinliches nach sich - wer will das? Sie sind nicht als Discounter unterwegs und möchten auch als solcher nicht positioniert werden. Zeigen Sie an dieser Stelle ein offensives Selbstverständnis. Freelancer sollten ihre Person in den

Mittelpunkt des Erstbriefes stellen, sie ist Ihr größtes Kapital. Erklären Sie den Empfängern, was Sie persönlich motiviert, warum Sie sich für Kunden engagieren, zeigen Sie Leidenschaft für Ihr Geschäft. Und dass die Qualität Ihrer Arbeit der einer Agentur in nichts nachsteht, belegen schließlich Ihre Referenzen und Arbeitsproben. Auch als Einzelkämpfer haben Sie gute Chancen größere Aufträge zu angeln. Sollte ein dicker Fisch verlockend nahe am Ufer schwimmen, zum Greifen nah sozusagen, dann gründen Sie besser ein kleines Netzwerk, um mit solchen Kalibern auch wirklich fertig zu werden. In diesem Fall wäre ein Texter passend, wenn er Konzepte, Headlines und Longcopys schreiben und die Arbeiten gemeinsam mit Ihnen präsentieren kann. Das ist wichtig: Suchen Sie sich Partner, die wissen, wie man präsentiert! Freelancer, und nicht nur die in Kreativberufen, sollten präsentationsfest sein.

Der Brief als Dialog-Köder

Die Settings der Briefbeispiele sind Fiktion – und auch wieder nicht. Was zählt, ist die Technik der Ansprache, der dramaturgische Aufbau. In wenigen Sätzen dafür sorgen, dass beim Leser Bilder entstehen. Sprache schafft Bilder, wo (noch) keine sind. Bilder erschaffen Dimensionen. Das ist die Aufgabe der Sprache, wenn wir uns Menschen schriftlich vorstellen. Es geht bei diesem ersten Brief genau darum, im Kopf des Empfängers ein Bild von Ihnen zu platzieren. Jeder kennt das Bilderlebnis aus eigener Erfahrung, und vieles in unserem Sprachgebrauch setzt bildhaftes Reden sogar voraus. Floskeln wie „Ich kann mir das nicht vorstellen", oder „Haben Sie eine Vorstellung davon...?" deuten es an. Entscheider möchten sich „ein Bild machen". Das ist der Köder. Briefe ohne Bildsprache verfehlen ihren Zweck. Statt des Köders hängt nur der nackte Haken im Wasser. Der ist für Fische ziemlich uninteressant.

Hier ein paar Einstiegszeilen, die Sie unbedingt vermeiden sollten - es sind „nackte Haken":

Sehr geehrte Frau Kurzwege,
ich bin Grafikerin und suche neue Herausforderungen. Ich gestalte Pro-
spekte, Broschüren und andere Werbemittel, ganz nach Ihren Wünschen
und Vorstellungen. Ich habe schon sehr viele Projekte dieser Art für Ihre
Branche erledigt und Ihnen ein paar Arbeitsproben beigelegt. Vielleicht
gefallen Ihnen die Entwürfe und möchten...etc.

Kurzkommentar: Massenware „Serienbrief", uninspiriert, keine Dra-
maturgie, kopfbildlos

Sehr geehrter Herr Freudentanz,
wenn Sie wissen möchten, welche unglaublichen Möglichkeiten neue Inter-
net-Technologien auch für Ihr Unternehmen bereit halten, sollten wir uns
einmal genauer darüber unterhalten. Wir sind auf dem neuesten Stand
und würden Sie gerne in einem Gespräch von den vielen Vorteilen dieser
Technologien überzeugen. Sie wollen den Zug doch sicher nicht verpassen...
etc.

Kurzkommentar: floskelhaft, Sprachwendungen werden der Bedeutung des Themas nicht gerecht, spannungslos, „platt"

Sehr geehrter Herr Sprinter,
als Werbeagentur beobachten wir natürlich die Werbung bestimmter Un-
ternehmen besonders genau. Mir fiel auf, dass die Werbung Ihrer Sportfi-
lialen total uneinheitlich gestaltet ist. Das verwirrt den Verbraucher und
Sie tun sich damit auch keinen Gefallen. Schließlich sollte eine Marke wie
aus einem Guss nach außen auftreten. Unser Team könnte das ändern und
würde Ihnen gerne ein paar Vorschläge dazu machen...etc.

Kurzkommentar: mangelndes Feingefühl, plumpe Vorgehensweise,
Mangel an taktischer Intelligenz, besserwisserisch, das „Angebot" fehlt
und ist wohl auch im Verlauf des Briefes nicht mehr zu erwarten.

Erstbriefe sind keine Weltliteratur, das müssen sie auch nicht sein. Sie sind vielmehr ein kalkulierter Griff ins Kopfkino des Empfängers. Anhand meiner Beispiele können Sie Ihren individuellen Brief erstellen, ihn komponieren. Während Sie ihn formulieren, sehen Sie sich bereits im Büro des Empfängers sitzen und mit ihm plaudern. Ihr Brief ist „wegweisend". Das bedeutet, dass sie ihn taktisch verfassen, da er Ihre Grundlage für die folgende Kontaktgestaltung ist. Wenn Sie das schaffen, fällt der Nachfassanruf um vieles leichter. Denn Sie greifen in diesem Telefongespräch Ihre Bilder aus dem Brief wieder auf und können anhand der Reaktionen abschätzen, ob Ihr Gesprächspartner diese Bilder akzeptiert hat. Das ist ein weiterer Punkt für eine erfolgreiche Erstbriefstrategie: Bilder zu schaffen, die auf Akzeptanz stoßen. Wenn Ihr Gesprächspartner meint: „Ja, das sehe ich auch so", sieht er tatsächlich etwas, nämlich Ihr Bild, das Sie im Brief gezeichnet haben. Schon wenn er zustimmend hinterfragt: „Glauben Sie wirklich?", ist es ein Pluspunkt für Sie. Sie gehen in diesem Dialog voran, nicht der Empfänger. Nehmen Sie ihn mit, statt ihn irgendwo „abzuholen". Was wissen Sie denn, wo der sich gerade befindet? Ich erwähnte es an anderer Stelle schon, dass die Sache mit „den Kunden da abholen, wo er steht" eine Ausrede für Denkfaulheit ist. Es handelt sich hierbei um einen ausgeleierten Gummiparagraphen, dessen erster Absatz etwa lauten könnte: „Sie sind das Sammeltaxi für die Geisterfahrer der Nation." Wer will das schon? Investieren Sie lieber in ihre eigenen Standpunkte und Fähigkeiten, machen Sie sich Gedanken darüber, wie Sie von Dritten wahrgenommen werden möchten. Geben Sie sich, Ihrem Unternehmen und ihren Dienstleistungen ein Profil. Das ist die wichtigste Aufgabe im Wettbewerb der Wahrnehmungen.

Der Nachfassanruf

Ihre Briefe sind verschickt, und Sie haben darin angekündigt, sich in den „nächsten Tagen" telefonisch zu melden. Manche setzen ein Datum für ihren Anruf ein, das kann man tun, ich hingegen lasse den Adressaten lieber im Ungewissen über Tag und Uhrzeit meines Anrufs und bleibe bei der vagen Zeitangabe. Was ist nun zu beachten? Der Wortlaut Ihres Briefes ist Ihnen natürlich gegenwärtig, er sollte neben dem Telefon liegen, wenn Sie die Nummer wählen. Die Kennzahlen des jeweiligen Unternehmens sind Ihnen aus der Vorfeldrecherche bekannt, frischen Sie sie noch mal auf, bevor Sie anrufen. Vor allem haben Sie sich mit neuen Fragen gewappnet. Sollten die im Brief angeschnittenen Themen nicht gleich zünden, muss es Ihr Ehrgeiz sein, das Telefonat auf die nächsthöhere Ebene zu befördern. Das funktioniert am besten mit „offenen Fragen". Stellen Sie sich das Gespräch wie ein Hologramm vor. Mit kurzen Fragen dringen Sie tiefer ins Thema ein: Ihr Thema ist das Unternehmen, nicht die Person des Entscheiders! Fragen wie „Könnten Sie sich vorstellen, dass wir für Sie arbeiten?", oder „Wie stellen Sie sich den idealen Dienstleistungspartner vor?" sind echte „KO-Fragen" für ein Telefongespräch. Es geht immer um die Sache und nicht um persönliche Einstellungen. Es sei denn, Ihr Gesprächspartner wechselt auf dieses Terrain. Doch es sind allenfalls Fragen für ein persönliches Gespräch. Zurück zum Telefon. Der Nachfassanruf ist im Grunde noch „anonym". Man vernimmt des anderen Stimme und Stimmungen, mehr nicht. Das Gespräch darf auf keinen Fall in einer Sackgasse enden. Notieren Sie sich vor dem Telefonat neue Zusatzfragen, versuchen Sie, Ihr Gegenüber ein wenig zum Plaudern zu bringen. Fragen nach Wettbewerbern werden zu gern beantwortet:

A: „Ich habe gehört, dass Ihr Konkurrent einen ähnlichen Artikel in den Handel gebracht hat oder demnächst damit beginnt, stimmt das?"

B: „Ja, richtig, aber die sind im Vertrieb noch längst nicht soweit wie wir, da müssen die noch ordentlich was aufholen."

A: „Schulen Sie Ihre Mitarbeiter für Produktneueinführungen oder macht das ein Dienstleister extern?"

B: „Nein, wir schulen intern, warum fragen Sie? Bieten Sie auch Verkaufsschulungen an?"

A: „Einer unserer Kunden ist Experte auf diesem Gebiet. Wir texten und designen das Schulungsmaterial, vom Produktportfolio bis zur CD-ROM. Demnächst bieten sie sogar Online-Coaching für ihre Leute an. Dann können die Außendienstler zu Hause schon üben."

B: „Das klingt ja interessant. Bei so vielen Produktneueinführungen gehen uns hier langsam die personellen Schulungskapazitäten aus. Dann müssen wir ja doch Externe anheuern, wie es aussieht."

A: „Ja, es geht nur noch mit gut geschulten Außendienstlern. Die Produkte werden komplizierter und der Handel setzt wieder auf Beratungskompetenz. Ein Wettbewerber eines unserer Kunden hat Umsätze eingebüßt, weil seine Leute die neuen Produkte nicht mehr erklären konnten. Das ist natürlich fatal."

Erinnern Sie sich an die Texteinstiegsbeispiele? Im Beispiel Nummer zwei schickt der Geschäftsführer einer Werbeagentur dem Chef eines Sportartikelherstellers einen Erstbrief. Nun telefoniert er mit ihm. Das Thema war eigentlich die Vereinheitlichung der Werbung zu einer werblichen Dachmarke. Nun ist man auf ein ganz anderes Terrain vorgestoßen. Der Anrufer hat etwas sehr Wichtiges erfahren: Das Sportartikelunternehmen hat Defizite bei der Schulung seiner Außendienstmitarbeiter. Der Werbeagenturchef geht selbstverständlich darauf ein und bringt dabei eine Referenz ins Spiel. Sein Telefonpartner steigt daraufhin noch tiefer in die Materie ein. Wie könnte das Gespräch an dieser Stelle weitergehen? Im Grunde gibt es drei Fortsetzungsebenen, die ich hier nach ihrer Wahrscheinlichkeitsabstufung kurz skizziere:

- Der Werbeagenturchef bietet dem Sportartikelunternehmer an, ihn mit dem Schulungsunternehmen bekannt zu machen. Gleichzeitig schlägt er vor, ihm das Schulungsmaterial zuzusenden, das seine Agentur für das Schulungsunternehmen produziert: „Schauen Sie sich die Sachen mal an, dann gewinnen Sie auch gleich einen Eindruck von unserer Arbeit!"

- Der Werbeagenturchef bietet dem Sportartikelhersteller an, die Schulungsmaterialien persönlich vorbeizubringen, mit demselben Argument wie oben.
- Der Geschäftsführer des Sportartikelherstellers schlägt eine der beiden Optionen selbst vor.

Wie immer es ausgeht: Sie haben ihn in diesem Gesprächsabschnitt des Telefonats auf eine Spur gesetzt, von der er nur mit einer krassen Abwehrhaltung wieder herunterkommt, was in diesem Stadium unwahrscheinlich ist. Das Hauptziel des Anrufs scheint in jedem Fall erreicht, der Gesprächsfaden wird weiter gesponnen, ein Treffen liegt in der Luft. Was ist geschehen? Das eigentliche Briefthema war nicht so der Renner, aus welchen Gründen auch immer. Doch der Werbemann hat einen seiner Agenturkunden ins Gespräch gebracht, da es zum Thema passte. Und er verpasste auch seine Chance nicht, sich selbst wieder einzuflechten („Wir produzieren die Schulungsunterlagen"). Was ich aber damit andeuten möchte, ist dies: Stellen Sie nicht nur sich selbst vor, sondern Ihr gesamtes Unternehmen. Dazu zählen ja nun auch Ihre Kunden. Auch einzelne Mitarbeiter Ihres Unternehmens könnten zum Plauderthema avancieren, etwa wenn spezielle Kenntnisse vorhanden sind. Ihr ganzes Unternehmen ist „Gesprächsstoff", und so lange gesprochen wird, bleibt alles offen und möglich. Ein Beispiel für eine in die Tiefe gehende „Empfehlungsmarketingvariante". Erinnern Sie sich: Den Nachfassanruf holographisch sehen!

Organisieren Sie sich!

Noch ein paar Worte an die führenden Köpfe in kleinen und mittelgroßen Kommunikationsagenturen. Sie haben den unschätzbaren Vorteil, bei der Erarbeitung einer Neugeschäftsstrategie, beim Aufträgeangeln und Präsentieren nicht allein dazustehen. Nutzen Sie ihn! Freelancer haben es da vergleichsweise schwerer. Sie sind auf sich allein gestellt (von guten oder weniger guten Ratschlägen einmal abgesehen), denn sie kochen die ganze Geschichte allein in ihrem Kopf. Das sieht im Team anders aus. Bilden Sie vom Start weg eine feste Gruppe, die sich mit der Neugeschäftsstrategie in regelmäßigen Abständen befasst – nicht jeder für sich allein, sondern immer wieder in der gleichen Besetzung. Hier gilt das gemütliche Sprichwort von den vielen Köchen, die den Brei verderben, gar nichts, im Gegenteil. Jetzt ist wirklich gemeinsames Kochen angesagt. Die Dynamik, die sich dabei entwickelt, ist ein Treibstoff, den man auch im zweiten Part der Neugeschäftsstrategie weiter nachfüllen sollte. Ich spiele explizit auf die Kontrolle der eingeleiteten Maßnahmen an. Damit meine ich nicht, dass jeder den anderen kontrolliert, sondern dass das für alle verbindliche Timing strikt eingehalten werden muss:

- Akquiseziele identifizieren (Wen wollen wir haben?)
- Erstbrief abschicken, Nachfassanrufe starten
- Zwischenbilanz: Evaluation des bislang Erreichten
- Weitere Arbeitsteilung definieren

Bereits im Stadium der Nachfassanrufe wird deutlich, dass die Dinge oft einen unvorhergesehenen Weg nehmen. Entscheider sind nicht erreichbar, rufen nicht zurück, oder vertagen plötzlich schon ausgemachte Termine. Meine Bitte an Sie: Lassen Sie sich davon nicht zurückschrecken, es ist der ganz normale Gang der Dinge. Sie müssen diese Entwicklung nur akribisch dokumentieren, um festzustellen, dass sich Dranbleiben noch immer lohnt. Immerhin hat dieser oder jener Entscheider noch andere Sachen im Kopf als Ihren Erstkontaktbrief oder den ersten Nachfassanruf. Versetzen Sie sich immer wieder auch in die Lage dieses Entscheiders, dann werden Sie mit sich und ihm geduldiger.

„Empfehlungsmarketing" statt Aufträgeangeln Funktioniert das?

Ja und nein. Ja, wenn Gundi und Gernot aus ihrer Liebe zum Rotwein eine Bordeaux-Boutique im Kellergewölbe einrichten, und den Wein in der Scheune ihres restaurierten Bauernhofs liebevoll drapiert den angelockten Connaisseurs perfekt inszeniert darreichen. Dann ist Empfehlungsmarketing zur Erweiterung dieses Kundenkreises eine recht nahe liegende Idee. Auch wenn man Maßschneider für Herrenhemden ist, Schuhmacher oder Innendesigner, können Empfehlungstechniken, wie sie in vielen Büchern (darunter Bestseller) angeboten werden, tatsächlich gewinnbringend sein. Die Liste der Berufe und Branchen, für die Empfehlungsmarketing nützlich sein kann, ist lang. Aber: ist das wirklich neu, weiterzuempfehlen oder darum bitten, weiter empfohlen zu werden? Nein. Es ist so alt wie der erste Handelstag der Menschheitsgeschichte, und der liegt mutmaßlich über 10 000 Jahre (wenigstens) zurück. Doch was bringt es den kreativen Dienstleistern heute?

Wie agieren PR-, Online- oder Werbeagenturen, Freelancer und andere Selbständige aus dem Kreativbereich beim Empfehlungsmarketing? Viele tun sich sehr schwer, diesen Begriff für sich und ihr Unternehmen überhaupt einzuordnen. Das hat gute Gründe, denn wir können unsere Kunden, Freunde und Bekannten nicht in jedem Fall und schon gar nicht „ohne weiteres" für unsere Ziele einspannen – nichts anderes ist Empfehlungsmarketing. Dass man Dritte für sich arbeiten lässt, ist in diesem Zusammenhang überhaupt nicht anrüchig, ich möchte nicht falsch verstanden werden in diesem Punkt. Doch müssen kreative Dienstleister hier weitaus überlegter vorgehen, als beispielsweise die oben genannten Einzelhändler. Es wäre fatal, einen gerade neu gewonnen Kunden gleich mit der Bitte zu konfrontieren, er solle sich für uns bei seinen Kunden „einsetzen". Wie befremdlich muss das auf diesen Entscheider wirken, wenn nicht gar kontraproduktiv. Die Komplexität, die gewöhnlich allen erklärungsbedürftigen Dienstleistungen innewohnt, und ich zähle kommunikative Dienstleistungen in erster Linie dazu, verlangt eine differenzierte Wahrnehmungs- und Handlungsmatrix. Wenn es denn unbedingt Empfehlungsmarketing sein muss, auf das sich ein kreativer Dienstleister in der Neukundengewinnung kapriziert, dann empfehle ich dringend, bei jenen Kunden anzusetzen, die man gut kennt, deren Reaktion man einschätzen kann, und vor allem: denen man es in dieser Hinsicht zutraut, im richtigen Augenblick auch das Richtige zu sagen. Mit anderen Worten: Man kann nicht „jeden" mit einer Botschaft los schicken ohne sich dabei ziemlich sicher zu sein, dass diese Botschaft auch wirklich so ankommt, wie sie gemeint ist. Die Person, die uns empfiehlt, muss uns (oder unsere Produkte) auch gut kennen. Anders geht es nicht. Stellen Sie sich bitte vor, Sie würden einen flüchtigen Bekannten bitten, dass er für Sie eine Braut aussucht. Sie nennen ihm auch den Namen der Ahnungslosen. Wie kommt das wohl bei diesem Bekannten an, wie bei der anvisierten Braut? Sicher, es gibt Kulturkreise, da ist genau dies üblich. Doch wir leben nicht in Indien oder im Yemen. Wir leben in einem Kulturkreis, wo Empfehlungen durchaus einen gewissen Aufmerksamkeitswert generieren, ganz sicher auch zu Kontakten, vielleicht sogar zu neuen Geschäftsbeziehungen führen. All das möchte ich nicht in Abrede stellen. Doch zu glauben, es handele sich beim Empfehlungsmarketing um eine rosa Fee mit Zauberstab, wäre recht einfältig. Ich übertreibe an dieser Stelle bewusst ein wenig, denn vieles, was ich in Bestsellerbüchern an Ratschlägen zu diesem Thema lesen konnte, erscheint mir doch für Kreativunternehmen in der Tat als zu naiv. Also heißt es, zu differenzieren. Vor allem aber sollte man sich sehr genau überlegen, wie man die Empfehlung lanciert. Ich habe gute Erfahrungen mit Kunden-Präsentationen gemacht. Dabei handelt es sich nicht um eine Präsentation vor einem Kunden, sondern um eine vor allen Kunden. Mehr noch: Laden Sie doch Ihre Kunden und deren Freunde einmal zu einer Agentur-Präsentation ein. Die Auswahl an Themen ist, wie Sie nach einem Agentur internen Brain-rush schnell bemerken werden, groß. Was könnte Ihre Kunden, deren Kunden und Freunde interessieren? Nun, die Zukunftsthemen in der Kommunikation zum Beispiel. Die damit verbundenen Produktthemen schießen dann wie Pilze aus der Erde. Diese „Produktthemen" sind in diesem Fall Querträger, die direkt zu Ihrem Leistungsportfolio führen. Beim Thema „Online-Marketing" beispielsweise könnte das Produktthema „Digital Branding" lauten. Das Thema „Business-Weblogs" wird für viele Ihrer Kunden und der übrigen Anwesenden generell noch Neuland sein. Warum also setzen Sie es nicht auf die Themenagenda dieses Nachmittags oder Abends und laden einen versierten Referenten dazu ein? Dasselbe gilt für das Thema „Verbrauchertrends". Zweifellos stehen wir hier erneut vor einem Klimawechsel, was das Verbraucherverhalten insgesamt und Konsumentwicklungen in speziellen Produktgruppen angeht. Oder Sie veranschaulichen in einem Show-case die Komplexität eines (fiktiven) Kundenauftrags und demonstrieren so, wie vielschichtig bestimmte Umsetzungen in Ihrer täglichen Arbeit sein können. Dabei geht es nicht darum, Mitleid für die „armen Agenturleute" zu generieren, sondern vielmehr darum, die Reichweite Ihres Wissens und den Anteil der praktischen Intelligenz hinter einer Auftragsbewältigung zu demonstrieren. Ich bin sicher, dass PR- oder Web-Agenturen hier über einen riesigen Fundus an Beispielen verfügen. Die Themenkategorien sollten „globaler" Natur, die Subthemen auf Ihre Agenturleistungen abgestellt sein. Die Themenvielfalt ist bewegend groß, und Sie können diese Themen weitgehend auf Ihr Publikum abstimmen. Wenn es in diesem Zusammenhang eine Zauberformel gibt, dann diese: Kunden-Relevanz und die eigenen Umsetzungskompetenzen.

So ein Informationsabend muss natürlich akribisch vorbereitet werden. Sobald die Themen-Agenda steht, werden textlich und visuell ansprechende Einladungen mit Antwortkarten produziert, mit Nachfassanrufen die Teilnahmeneigung gecheckt und sorgfältig Buch darüber geführt wer kommen wird, mit wem er oder sie erscheint und welche berufliche Position der Einzelne in seinem Unternehmen begleitet. Ich könnte mir vorstellen, dass so ein Nachmittag an einem Freitag stattfindet, und dass der Abend dann in ein ungezwungenes Get-together übergeht. Dass Sie dabei an ein kleines Catering denken, versteht sich von selbst. Das alles kann man „nach oben" hin dramaturgisch ausbauen; mit Unterhaltungseinlagen beispielsweise, oder einem Überraschungsgast. Choryphäen eines bestimmten Fachs bewirken hier manchmal kleine Wunder der Unterhaltungskunst. Ich rief einmal einen Psychologen im Krankenhaus an, und fragte ihn, ob er nicht Lust hätte, mal einen Vortrag in einer Werbeagentur zu halten. Das Gesicht dieses Mannes hätte ich in diesem Augenblick gern auf dem Monitor gehabt, doch er kam. Denn das Thema lautete: „Der erste Eindruck". Unsere Gäste applaudierten nach diesem Vortrag stehend. Ein andermal lud ich den besten Verkäufer eines türkischen Wochenmarktes zum Vortrag. Auch er schluckte erst mal und dachte, ich scherze. Doch der junge Mann verlor seine Schüchternheit in Nullkommanichts, als ihm die in ihrem Fach hoch gebildeten Vertriebsdamen einer Diät-Seminar-Firma ihre ungeteilte Aufmerksamkeit widmeten. Nicht etwa, weil er gut aussah (das war tatsächlich der Fall), nein, er gab zum Thema „Was kaufst Du?" die unglaublichsten Verkäuferweisheiten zum Besten. Diese Vorträge haben wir auf vielfachen Kundenwunsch hin als Booklet herausgegeben, und es nicht versäumt, die Agentur darin gleich mit vorzustellen. Auf Grund dieser Inhalte und Vortragsideen wurden Aufträge und Kunden gewonnen. Übrigens: Schauen Sie sich auch unter Ihren eigenen Mitarbeitern einmal um. Möglicherweise entdecken Sie hier zum ersten Mal ein Präsentationstalent, das bislang im Verborgenen, sprich vor dem Bildschirm, sein Dasein „fristete" und dessen Potenziale bis dato sträflich unbemerkt geblieben sind. Wie auch immer: Ich denke, die Intention hinter dieser Agentur-Präsentation der etwas anderen Art wird schnell deutlich. Auch dies ist „Empfehlungsmarketing", aber auf einer Ebene, wo Sie die Abläufe steuern und notfalls in die richtige Richtung lenken können.

PRÄSENTATIONS-HYSTERIE

Wird man vom Präsentieren schwanger? Mir war das neu. Bis ich vor Jahren in einem Präsentationsratgeber einmal las, wie man sich vor

„wichtigen Präsentationen" entspannen sollte: Atmung und Stuhlgang kontrollieren, einen 15-minütigen Spaziergang im Grünen machen, kein schweres Essen an diesem Tag zu sich nehmen und Becken-Gymnastik treiben. So, das waren jetzt die wesentlichen Ratschläge für die Präsentationsschwangeren in diesem bestimmten Ratgeber. Zweifellos gibt es auch gute Bücher zu diesem Thema; man muss sich tatsächlich im Büchermarkt umsehen und sich zum Kauf von zwei, drei Präsentations-Ratgebern entschließen. Das kann nicht schaden, sagt der Hausarzt, aber was hilft es wirklich? Es ist an der Zeit, den „Mythos Präsentation" ein wenig abzuspecken. Zunächst einmal: Präsentationen sollte man nicht als „Ausnahmezustand" betrachten. Sie sind keine Krankheit, sondern für jeden Dienstleister ein selbstverständliches Element der Auftrags- und Neukundengewinnung. Waren Präsentationen in den späten Achtzigern und die gesamten Neunziger hindurch eine Mischung aus liturgischen Handlungen, Knallchargen-Shows, Power-Point-Kintopp oder Touchscreen-Orgien, so trat spätestens mit den Jahren der Ausnüchterung 2001-2005 eine Trendwende ein. Sachlichkeit ist wieder gefragt bei Präsentationen, und zwar auf einem sinnlichen Niveau. „Sinnlichkeit" im Sinne von „Verstandgebrauch". Sich Dritten verständlich machen und wiederum sie zu verstehen, ist zweifellos eine sinnliche Erfahrung. Die Aktivierung unserer Konklusionsapparate ist wieder „in". Auf Deutsch: Wir möchten das Komplizierte einfach erklärt wissen und uns dennoch nicht wie Dummies fühlen. Dementsprechend unhysterisch sollte man die Dinge angehen. Natürlich liegen jeder Präsentation gewisse Techniken zugrunde, und die gilt es zu verinnerlichen. Da sind zunächst die Kernfragen in der Vorbereitungsphase:

- Welche Botschaft(en) will ich vermitteln?
- Mit welchen Mitteln bringe ich sie rüber?
- Wie stelle ich sicher, dass sie wirklich ankommen?

Das Ziel
Welche Botschaft will ich vermitteln?

Am Tag der Präsentation sind „alle Spatzen gefangen", wie ein Sprichwort sagt. Die Zeit des Auslotens, der Erwägungen und Rückfragen ist vorbei. Wichtig: Präsentationen dienen in erster Linie dazu, Dritten Ihre unmissverständliche Position zu verdeutlichen. Es geht nicht mehr um Lösungsansätze. Das haben Sie in den vergangenen Wochen Punkt für Punkt intern und in vorbereitenden Gesprächen mit ihrem potenziellen Auftraggeber bereits glänzend abgearbeitet. Jetzt erwartet der zukünftige Kunde Ihre Lösungskompetenz sowie die Demonstration Ihrer persönlichen Befähigung, sie überzeugend darzustellen. Sie treten an mit einer oder mehreren Botschaften. Sie schildern kurz die Ausgangslage, danach die Aufgabenstellung und schließlich stellen Sie Ihre Lösungen vor.

Zusammengefasst:

- Ausgangslage kurz darstellen (Hier stehen wir)
- Aufgabenstellung formulieren (Da wollen wir hin)
- Lösungen vorstellen (So kommen wir hin)

Bitte nicht so:

- Wo stehen wir?
- Wo wollen wir hin?
- Wie kommen wir dorthin?

Warum nicht so? Ganz einfach: Fragestellungen sind bei Präsentationen zu vermeiden, es sei denn, man stellt zwei oder mehr Situationen gegenüber. Doch grundsätzlich gilt, dass Sie Ihr Publikum mit dem konfrontieren, was Sie für richtig und wichtig halten. (Unter Einbindung dessen, was Ihr Publikum in Vorgesprächen bereits als wichtig eingestuft hat!) Hinterfragen, Ausloten und Erwägen gehören in die

Phase der Präsentationsvorbereitungen. Die Präsentation selbst ist der Ort und die Stunde der „Sicherheiten", nicht der Abwägungen. Sie bestimmen die Denkrichtung und leiten Ihr Auditorium durch Ihre Gedankengänge. Sie sind derjenige, der dem Zuhörer das gibt, was er während einer Präsentation am meisten wünscht: Orientierung.

Der Weg
Mit welchen Mitteln bringe ich die Botschaft rüber?

Welche Mittel sind damit eigentlich gemeint? Zunächst ganz sicher die technischen Mittel. Ist es klug, vor drei Leuten mit einem Beamer zu präsentieren, womöglich flankiert von einem eigens mitgebrachten Flip-Chart? Ich meine, nein. Das bedeutet, dass die Anzahl der Anwesenden auf Kundenseite auch über den technischen Präsentationsaufwand entscheidet. In kleinen Besprechungsräumen und vor zwei, drei Entscheidern oder Mitarbeitern einen technischen Superzirkus aufzufahren, ist unsinnig. In diesem Fall sollten Sie die beinahe private Atmosphäre für die berühmte „Nummer kleiner" nutzen. Ich habe im kleinen Kreis gute Erfahrungen mit Laptop-Präsentationen gemacht. Bis zu vier Teilnehmern geht es auch so. Man rückt dann etwas näher zusammen, die formale Tischordnung wird aufgelöst, denn die Größe des Monitors macht es erforderlich. Man kommt in der kleinen Gruppe schneller ins Gespräch, die Präsentation gewinnt den Charakter einer Besprechung. Auch so kann man präsentieren. Diesem kleinen Stillleben geht zwar der proklamatorische Charakter einer Beamer-Präsentation ab, aber das kann auf die Anwesenden wohltuend wirken. Vergessen Sie nie, dass auch Ihr Publikum unter Spannung steht, nicht nur Sie!

Für alle Präsentationen ab fünf Personen liegt die Beamer-Präsentation nahe und damit wären wir beim Thema „Power Point". Diese Software wird täglich überall unzählige Male für Präsentationen genutzt, sie ist Standard. Doch nicht jede Präsentation wirkt damit lebendig. Das wirft zwei Fragen auf: Lässt das Präsentationsthema eine Abweichung von gängigen Präsentationstechniken und -schemata wirklich zu? Und, wie sehen die Alternativen aus? Meine Erfahrungen sind unterschiedlich. Handelt es sich um eine „blaue" Präsentations-Zielgruppe, gemeint sind damit etwa Finanzdienstleister, öffentliche Auftraggeber oder mittelständische Unternehmen mit technischem Hintergrund, steht die Power-Point-Beamer-Präsentation (PPB) ziemlich alternativlos da. Das gilt sogar für den Fall, wenn die präsentierende Seite etwa eine Werbeagentur ist. Auch wenn sie zum Beispiel eine „besonders kreative" Kampagne für das neue „Junge Konto" einer Bank vorstellt, wird die PPB-Präsentation vom Publikum noch am ehesten „verstanden" und akzeptiert. Das bedeutet, dass es sich hier um eine Zielgruppe handelt, die nichts anderes gewöhnt ist. Nun werden viele Kreative zurecht einwenden, dass dieser Umstand gerade ein Argument dafür sei, von dieser Routine einmal abzuweichen. Doch was will man damit erreichen? Etwa die eigene Originalität unter Beweis stellen? Fakt ist, dass es einer hohen Erfahrungsdichte bedarf, von der PPB-Präsentation abzuweichen und statt dessen auf eine rein physische Vorführung zu setzen. Auch das habe ich erlebt und auch selbst schon so gehandhabt. Ich sagte „physisch" und meine es auch so. Es bedarf einer ungeheuren Geistesgegenwart, eines untrüglichen Instinkts fürs dramatische Fach und einer sehr abgebrühten Auswahl an Requisiten, um „frei" zu präsentieren. Es verlangt tatsächlich auch Körperkräfte. Dessen muss sich jeder bewusst sein, der diesen Weg für diesen Tag wählt. Ich möchte einen Fall schildern, bei dem eine Werbeagentur vom PPB-Standard abgerückt ist. Ich nenne diese Taktik seither:

Die „kalkulierte Panne"

Es mag seltsam anmuten, dass man mit „Pannen" eine angespannte Situation schlagartig entspannen kann, auch wenn diese Panne aus reinem Kalkül inszeniert ist. Natürlich muss man darauf achten, mit wem man diese „Nummer" durchzieht, salopp gesagt, denn es kann, wie so vieles, was als Überraschung geplant war, extrem nach hinten losgehen. In diesem Fall jedoch war ich mir sicher, dass unser Auditorium nicht sauer darauf reagieren würde, wenn wir es im positiven Sinne eine Weile dramaturgisch an der Nase herumführen würden. Die Pannensituation während der Präsentation besteht schlicht darin, gleich zu Beginn die technischen Hilfsmittel nicht funktionieren zu lassen. Man baut den Beamer auf, schließt den Laptop an und von da an funktioniert einfach nichts mehr. Im Publikum macht sich Nervosität breit und nach zehn Minuten gibt man offen zu, was schon längst bemerkt wurde: Die Technik versagt. Mit gespielter Geistesgegenwart und dennoch leicht verwirrt gibt man bekannt, die Präsentation mit „einfachen" Mitteln durchführen zu wollen. In diesem Augenblick schlägt einem Skepsis, gemischt mit dem Gefühl von Neugierde und Verlegenheit entgegen. Jetzt ist die Situation erreicht, wo das Publikum gar nicht mehr weiß, was es erwartet; die Koordinaten sind neu programmiert. Nun hat man es in der Hand, die Präsentation in eine ganz neue Richtung zu lenken. Denn so, wie die Panne genau kalkuliert war, ist auch das, was folgt, bestens geplant und eingespielt. Wir hatten unsere Requisiten natürlich in kleinen Koffern und Mappen mit in den Raum gebracht, und die Pannen-Show konnte beginnen. Ich jonglierte abwechselnd mit bunten Holzklötzchen, einer Gießkanne, mit einem Quadratmeter großen Stück Kunstrasen, schnitt mit einer Schere aus farbigen Stoffballen einzelne Stücke heraus und „bastelte" daraus die großen Anzeigenmotive, indem ich sie aufs Flipchart klebte und mit einem dicken Filzstift die Überschriften drüber schrieb. Vier zylindrische Behälter füllte ich mit Wasser und mit Hilfe von Lebensmittelfarbe stellte ich unsere Media-Strategie dar, indem ich beispielsweise dem gelben Wasser genügend blaue Farbe beigab, um damit den Wechsel von Gelb zur neuen „Zielgruppenfarbe Grün" zu demonstrieren. Daneben spielte noch ein Kinderkneteset eine Rolle, aus dem ich abwechselnd kleine Figuren, dann eine Tortengrafik bastelte. Es gab andere Kleinrequisiten und Kunststückchen mehr, zuvor wohl durchdacht und akribisch orchestriert. Selbstredend hatten wir die Präsentation einen Tag zuvor in der Agentur geprobt. Nach einer viertel Stunde war jedem im Raum klar, dass es sich um einen geplanten „Anschlag" auf eingefahrene Wahrnehmungsmuster handelte, und die Freude darüber, mit einfachen, dafür um so anschaulicheren Mitteln mehrere Sachverhalte, einen Entwicklungsverlauf und dazu noch das kreative Leitmotiv der Kampagne demonstriert zu bekommen, endete am Ende der Vorführung mit einem satten Applaus. Dann verteilten wir die Mappen mit den Zahlen und Fakten, darüber hinaus existierte ja die obligatorische Konzeptschrift, in der all das, was vorne auf so unkonventionelle Weise vorgetragen wurde, in konventioneller Aufbereitung wiederholt wurde. Wie gesagt: Ich war mir aufgrund der kurzen Vorgeschichte und einer instinktiven Eingebung ziemlich sicher, diesen potenziellen Kunden mit einem neuen Präsentationskonzept überraschen zu können, ohne dafür auf das in Deutschland leider gern exekutierte „Unverständnis" zu stoßen. Hinter diesem Nichtverstehen steckt nur allzu oft ein Nichtverstehenwollen, denn in deutschen Entscheiderkreisen grassiert die Denkfaulheit. Diese basiert weniger auf Phantasiedefiziten, sondern auf dem Unwillen, sich mit neuen Perspektiven auch gedanklich zu konfrontieren. Im Klartext heißt das: Hätten wir diese „etwas andere" Präsentation Tage zuvor angekündigt, wären Bedenken aus der zweiten Entscheidergarnitur auf mich eingestürzt, die unisono die Frage in den Raum gestellt hätten: „Können wir das den Chefs wirklich zumuten?", und sicher auch der gut gemeinte Rat: „Wollen wir das nicht lieber doch konventionell durchziehen, das macht die wenigsten Probleme, meinen Sie nicht auch?". Ich meinte das nicht. Niemand im Unternehmen war vorher eingeweiht, die Überraschung sollte für alle gleich ausfallen. Nur dann erzielt sie Wirkung.

Ich gehe bei Präsentationen inzwischen selten nach dem Entweder-oder-Prinzip vor, sondern mit einem Mix verschiedener Stilmittel. Power Point ist nur ein Teil davon. Natürlich macht es mehr „Arbeit", mit einem Stilmix an den Start zu gehen. Doch es ist fast immer ein Garant dafür, dass Ihre Präsentation nicht zu den Langweilern zählt. Einmal kam ich mit einem großen Zeichenboard und einem Karikaturisten zur Präsentation einer Anzeigenkampagne. Die Wirkung war umwerfend. Natürlich hatten wir auch die Computerlayouts der Zeichnungen dabei, und es ging am Ende so aus, dass der Kunde die Zeichnungen des Karikaturisten in seiner Anzeigenkampagne sehen wollte! Im selben Jahr begleitete mich ein Pianist zu einer Präsentation. Er spielte auf einem mitgebrachten Keyboard alte Songs aus den Zeiten des Stummfilm-Kintopps. Ich wählte es als Stilmittel, um zu verdeutlichen, wie altbacken die Konkurrenz meiner Gastgeber ihr Marketing betrieb. Alle Fotos auf den PP-Charts waren schwarzweiß und wiesen die typischen „Zelluloidfussel" auf, wie man sie von alten Stummfilmen kennt. Die hatte der Grafiker dort hinein gekünstelt. Danach konnte ich mit Schwung unsere Vorschläge präsentieren. Die altbackenen Beispiele des Konkurrenten blieben als „Warnung" präsent: ‚Wagen Sie etwas, oder wollen Sie so alt aussehen, wie Ihre Konkurrenz?' Kontraste – auch drastischer Natur – sorgen dafür, dass die Botschaft schnell und ohne verbale Wortkrücken ins Hirn des Zuhörers gelangt. Die Kontrastarchitektur sollte zwar einfach, aber humorvoll-intelligent beschaffen sein. Kein Intellektualismus, keine Herabwürdigung Dritter. Sie kommen als guter Presenter stets ohne das aus.

Ein andermal sollten wir eine Promotion-Kampagne präsentieren. Der Kern dieser Kampagne war eine Guerilla-Marketing-Woche vor den Haupteingängen großer Unternehmen, deren Mitarbeiter alle zur selben Uhrzeit in die Mittagspause gingen. Unsere Aufgabe war es nun, so viele wie möglich von ihnen abzufangen, und jeden einzelnen für ein kurzes Produktinterview zu gewinnen. Hmmm...was tut man da, wie präsentiert man eine auf physische Bewegungsabläufe konzentrierte Kampagne am besten? Wir überlegten, hatten auch gute Ideen, aber trotzdem gefiel mir der Gedanke nicht, diese Kampagne in einem Konferenzraum zu erklären. Räume haben Grenzen. Das gibt ihnen ihren Namen. Ich entschied mich kurzerhand für: Die Panne. Und die sah ganz einfach so aus, dass wir am Tag der Präsentation pünktlich in diesem Konferenzraum erschienen, und alle Anwesenden mit unbekanntem Ziel entführten. Vor der Tür warteten vier Taxis und sie brachten uns schnurstracks zum Portal der Firmenzentrale eines weltbekannten Unternehmens. Dort hatten wir nämlich unsere Präsentation aufgebaut. Vertauschte Rollen: Nun waren wir die Gastgeber unserer Gastgeber, und nutzten unsere Offensivposition gut. Alles war perfekt vorbereitet. Fesche Promoter/innen griffen sich charmant die in die Mittagspause strömenden Angestellten, und führten sie in unsere eigens entworfene „Vox-Box". Dort wurden die Interviews geführt. Wir befragten nicht nur, sondern zelebrierten die Befragung und hoben sie so zu einem Ereignis für die Befragten hervor. Es gab außerdem drei Snack-Counter mit Sandwiches und Erfrischungsgetränken, so dass sich für viele Mitarbeiter dieses Unternehmens der Besuch im Restaurant an diesem Tag erst einmal erledigt hatte. Natürlich hatten wir alle Promoter, ihre textile Ausstattung sowie das Promotion-Mobiliar, CI-gerecht ausgestattet. Firmenfarben und Logo unserer potenziellen Auftraggeber waren deutlich zu erkennen, und es lief gut. Es war keine Präsentation mehr, sondern gleich die Probe aufs Exempel. Tschüss, Theorie – hallo Praxis! Auftrag (plus Folgeaufträge) geangelt!

Wir hatten sie alle überrumpelt, und mussten nun keinem mehr beweisen, dass unser Konzept funktioniert. Unsere potenziellen Auftraggeber standen mitten im Geschehen. Sie staunten Bauklötze. Wer unsere Auftraggeber waren? Eine Sandwichbar-Franchise-Kette, die sich in den Dienstleistungszentren von Städten ab 100 000 Einwohnern etablieren und nun herausfinden wollte, wie attraktiv der „durchschnittliche Angestellte" die Möglichkeit findet, in der Mittagspause eine Sandwichbar aufzusuchen. Sie wollten es aber nicht durch klassische Marktforschung herausfinden (Marktstudien gab es bereits), sondern mit der Befragung sollte gleichzeitig die Marke präsent sein und bekannt gemacht werden.

Und so läuft es oft: Zeigt man mutige Präsentationskreativität, verlassen die Damen und Herren Entscheider in Scharen das Althergebrachte nur zu gerne. Das ist kein Vorwurf, im Gegenteil. Ich wünschte mir nur, dass die (verständliche) Sehnsucht nach Alleinstellungsmerkmalen und Originalität sich öfters auch in der Entscheider-

Realität Bahn brechen würde. Deutsche Entscheider trauen sich auf diesem Gebiet wenig zu. Keiner will als Erster die Initiative ergreifen und sich offensiv für „einen neuen Weg" einsetzen. Das ist in den USA, Großbritannien oder Spanien anders. Dort werden gute Ansätze und Ideen spontaner aufgegriffen, und viel häufiger als bei uns, wagt man etwas. Das angelsächsische „Go for it!" ist hierzulande Mangelware – schmerzhaft! Nicht nur unser Staat ist föderal gegliedert, unser Gehirn scheint ebenfalls von diesen Strukturen ziemlich beeindruckt zu sein. Während andernorts eine außergewöhnliche Idee honoriert wird, geht man bei uns gerne dazu über, sie in Gremien und Clübchen zu zerquasseln. Man wundert sich als Dienstleister über die Anzahl der sich selbst gründenden „Kompetenzzentren" auf Kundenseite. Dabei werden dann die hirnföderalen Bedenken-Ausschüsse plötzlich sehr aktiv. In den vergangenen Jahren drängte sich mir der Eindruck auf, dass gerade in jenen Unternehmen, die gern von „Innovation" reden, der Mut zu wirklichen Neuerungen recht kleinlich ausfällt. Lieber werden Positionen hin und her geschoben, statt über die Sache selbst zu reden. Natürlich gibt es Ausnahmen darunter, keine Frage. Von diesen Unternehmen wird man in Zukunft auch mehr hören als von anderen. Doch zurück zum Thema Präsentation.

Die „Erleuchtung"
Wie stelle ich sicher, dass meine Botschaft wirklich ankommt?

Ich erlaube mir an dieser Stelle einen esoterischen Patzer: „Erleuchtung" – was soll das? Zunächst einmal muss man akzeptieren, dass eine komplikationslos verlaufene Präsentation nicht gleichbedeutend ist mit „verstanden worden sein". Natürlich ist es großartig, wenn Sie im Laufe der Präsentation den Grundriss Ihres Gedankengebäudes deutlich sichtbar machen konnten – aus Ihrer Sicht. Doch die Ziellinie haben Sie damit noch nicht überschritten. Sie ist überschritten, wenn es „hell" wird im Raum. Es ist die Aufgabe des Presenters, bei jedem einzelnen Zuhörer eine Lampe anzuknipsen. Und so ist es hilfreich, wenn Sie sich zu Beginn der Präsentation den Raum, in dem sie stattfindet, als ein dunkles Zimmer vorzustellen, in dem es nach und nach heller wird. Die Präsentation als solche trägt erhellenden Charakter. Das ist der Erwartungshorizont ihres Auditoriums. Man ist weniger auf „Neues" als auf Ihre Fähigkeit zu überzeugen gespannt. Für die meisten Ihrer Zuhörer ist es nicht die erste Präsentation, eher die zwanzigste oder fünfzigste. Es ist Ihre Aufgabe, während der Präsentation einen Kontext herzustellen zwischen der Ihnen gestellten Aufgabe und der Strategie, wie Sie diese Aufgaben bewältigen wollen. Das funktioniert am besten, wenn Sie Ihre Lösungswege Schritt für Schritt vorstellen und den Anwesenden immer wieder ins Gedächtnis rufen, um welche gemeinsamen Ziele es hier geht. Der Weg der kleinen Schritte bedeutet nicht, dass die Präsentation langatmig und kleinteilig wirken muss. Nicht jedes Detail verdient eine Erwähnung, nicht jedes Risiko muss hervorgehoben werden und nicht jede gute Idee muss nach Eigenlob duften. Es genügt, wenn Sie Ihren Grundgedanken über den gesamten Zeitraum hinweg sowohl verbal als auch optisch illustrieren.

Briefings: Gehen Sie rational damit um!

Viele Präsentationen werden verloren, da sich die Gebrieften nicht ans Briefing gehalten haben. Und: viele Präsentationen werden verloren, eben weil sich die Gebrieften ans Briefing hielten. Das Briefing des potenziellen Auftraggebers sorgt in vielen Unternehmen regelmäßig für heftiges Kopfweh. Zurecht, denn was dort steht, kann einer Aufgabe gleich kommen, es kann aber auch die heimliche Aufforderung enthalten, mehr als nur das abzuliefern, was da so harmlos formuliert wurde. Ich bin sicher, viele kennen das Problem.

Wie macht man es denn nun richtig?

Zunächst einmal wieder ein Erfahrungswert: Viele Entscheider sind, aus welchen Gründen auch immer, nicht in der Lage, ein ordentliches Briefing zu verfassen. Es gab sogar schon Fälle, wo ich dem Werbeleiter oder Geschäftsführer das Briefing verfasste, das uns dann als Arbeitsgrundlage diente. Die meisten Briefings, die ich las, waren nicht mehr als eine semi-akademische Pflichtübung des Verfassers. Frei nach dem Motto: ‚Mal sehen, was sie draus machen‘. Das ist natürlich ein ganz heißes Eisen, denn diese Form des Briefings lässt dem Entscheider nach der Präsentation alle Optionen beliebter Ablehnungsmuster offen: „Sie haben am Briefing vorbei präsentiert". In anderen Fällen, auch das habe ich erlebt, lautet die Ablehnungsbegründung: „Sie haben sich zu sehr ans Briefing gehalten, wir hatten von Ihnen mehr erwartet."

Ach?

Ja! So kann's kommen. Und wenn man im Vorfeld der Präsentation mit der gesamten Mann- und Frauschaft über dem Briefingtext brütet und rätselt: ‚Was könnte er oder sie denn damit meinen?‘, dann ist die Sache bereits ins Zelt der Dame mit der Glaskugel auf dem Tisch gelangt. Stop! Bis hier hin, und nicht weiter. Verhindern Sie in jedem Fall, dass das Briefing zum Gegenstand wahrsagerischer Prophezeiungen oder stimmungsabhängiger Interpretationen wird. Wählen Sie den geraden Weg: „return to sender". Das bedeutet, dass Sie schnellst möglich ein Rebriefing mit dem Briefingautor ansetzen und ihn dann, anhand eines von Ihnen erstellten Fragebogens, mit der Manschette auf den Tisch nageln. Tun Sie das mit Takt und Charme, ihr Ziel muss lauten:

Der Briefingautor interpretiert sein Briefing selbst, bringt neue Aspekte und Informationen ins Spiel, die möglicherweise so nicht im Briefing standen. Darüber hinaus können Sie den Rebriefing-Termin nutzen, um im persönlichen Chemiebaukasten noch ein paar Punkte zu sammeln. Aus diesem Grund sollten Sie sich beim Rebriefing nach

Möglichkeit nicht mit einem Fragebogen an den Entscheider abspeisen lassen („Ich habe wenig Zeit für ein persönliches Rebriefing, schicken Sie mir Ihre Fragen doch zu!"), sondern auf ein persönliches Treffen hinwirken. Es gibt ein paar Punkte, die Sie bei diesem Termin zu Ihren Gunsten ausloten sollten:

- Fragen Sie offen, ob man von Ihnen die strikte „Befolgung" ans Briefing erwartet, oder ob das Briefing eher als Rahmen zu betrachten ist, innerhalb dessen man frei (interpretatorisch) agieren kann.
- Erstellen Sie vor diesem Rebriefing-Termin eine detaillierte Frageliste und gehen Sie sie mit dem Briefingautor strikt durch.
- Erstellen Sie nach diesem Termin sofort ein Memorandum und betrachten Sie dieses Dokument als gleichwertigen Bestandteil des ursprünglichen Briefings, nicht als Ersatz des selben!

Besprechen Sie keinesfalls mit dem Briefingautor Ihre Präsentationsstrategie, auch wenn er danach fragen sollte. Halten Sie sich bei diesem Punkt möglichst bedeckt, denn es könnte Ihrem Präsentationsauftritt die Spannung nehmen. Außerdem würden eventuelle Kommentare Sie nur verunsichern und intern zu weiteren, unnötigen Diskussionen führen. Bei allen Meinungsäußerungen des Briefingautors zum Thema Präsentation handelt es sich um eine Stimme aus dem vielstimmigen Chor, vor dem Sie am Ende präsentieren werden, vergessen Sie das nicht. Also: nichts überbewerten und keine neuen Grundlagen fürs Wahrsagen schaffen.

Technik und Leitmotiv einer gelungenen Präsentation

„Daß ich erkenne, was die Welt
Im Innersten zusammenhält,
Schau alle Wirkenskraft und Samen,
Und tu nicht mehr in Worten kramen. "

Johann Wolfgang von Goethe, 1749-1832, Faust I

Erinnern Sie sich an die weit zurückliegenden Bastelstunden Ihrer Kindheit? Vielleicht sind Sie als Mutter oder Vater eines Kindes noch (oder wieder) geübt im Basteln. Die Rede ist von Pappmachéfiguren. Meine Lieblingstechnik dabei war das Herstellen eines Drahtgerüstes, das man sehr gut formen kann, bis die gewünschten Umrisse des Objekts sichtbar werden. Von da an konnte nichts mehr schief gehen. Ob Hund, Giraffe oder Schildkröte, es kam unausweichlich das dabei heraus, was ich mir vorgestellt hatte. Denn der Bildgedanke, das Gerüst, gab die endgültige Form bereits vor. Versagt man beim Rest, ist man ein schlechter Dekorateur.

Diese einfache Formel verdeutlicht zwei Dinge: Man muss wissen, was man zum Ausdruck bringen will (man beachte den Sinn dieser Redewendung sehr genau!) und gleichzeitig die Technik beherrschen, es bildlich darzustellen. Ich weiß nur zu gut, dass es viele kluge Bücher oder Seminare zum Thema „Präsentationstechnik" gibt, ich erwähnte es anfangs schon. Doch teilweise empfinde ich diese Literatur als quälendes Themen-Stretching oder als eine Art Gipfelstürmerei, die den Vorgang als solchen in die Höhen akademischer Achttausenderbesteigungen befördert. Ein Megatrend unserer Tage dahingehend lautet: „Hirnforschung", beziehungsweise „Neuromarketing". Es gibt zig Bücher zu diesem Thema. Der Grundtenor lautet im Prinzip, dass der Konsument, dass jede Kaufentscheidung eines Menschen, durch die neuesten Erkenntnisse in diesem Bereich berechenbar und somit auch manipulierbar ist. Der gesteuerte Mensch? Nicht nur viele Marketingtheoretiker stimmen dem zu, sondern auch Vertriebs- und Präsentationstrainer sind darauf eingeschwenkt. Präsentationen sollten nach Ansicht der Verfechter dieser wissenschaftlichen Erkenntnistheorie „die Sprache derer sprechen, vor denen man präsentiert". Ich simplifiziere jetzt bewusst, aber so lautet eine der Kernaussagen. Puuuh! Wenn ich da an meine heißen Präsentationsphasen zurück denke, hätte ich in einer Woche an die vier Sprachen lernen müssen: die der Energieversorger, der Büromöbelhersteller, der Mineralölkonzernmanager und zusätzlich noch die von inspirierten Ehefrauen, die unbedingt eine Wellnessboutique eröffnen wollen. Präsentationen sind aber kein „Hirnthema". Je kopflastiger sie betrachtet und vorbereitet werden, desto größer die Gefahr des Scheiterns – das ist meine Erfahrung. Sie hat sich in zehn Jahren zu dieser Erkenntnis verdichtet. Über die Theorien des Neuromarketings möchte ich mir an dieser Stelle keine weitere Meinung erlauben. Das Thema ist kontrovers und nicht Gegenstand dieses Buches.

Präsentationen sind in Wirklichkeit etwas sehr Einfaches, dem Aufbau einer Pappmachéfigur durchaus vergleichbar. Geben Sie Ihrer Darbietung ein Motto, besser noch: ein Leitmotiv. Es kann ein einzelner Begriff sein, ein Wortpaar, wie auch immer. Hauptsache, es ist eingängig und bietet Orientierung – für Sie selbst und natürlich für Ihr Auditorium. Ein Leitmotiv erklärt ohne viele Worte den Sinn Ihres Vortrags. Beispiel: Eine Unternehmensberatung wurde vor die Aufgabe gestellt, einem Unternehmen Wege zur Kosteneinsparung in der Produktion bei unbedingter Beibehaltung des Qualitätsniveaus aufzuzeigen. Denkbar wäre hier ein sachlich-nüchternes Begriffstandem, etwa „Effizienz & Qualität". Sie können auch am „Schräubchen drehen" und das Leitmotiv „lyrischer" setzen, vielleicht so: „Schlanke Taille – mehr Profil!". Das Spektrum der Schlagworte ist relativ breit, der Wirkungsgrad reicht dabei vom sachlichen Credo bis hin zur Provokation. Eine Werbeagentur hat es da vergleichsweise leicht, wenn sie etwa für billige Konsumentenkredite in jungen Zielgruppen werben soll: „Du willst es? Nur Klauen ist billiger!", oder: „Papa sagt nein – wir sagen ja!". Im Grunde ist es egal, wie Ihr Leitmotiv lautet, solange es einleuchtend, griffig und themenrelevant ist. Es ist Ihr Drahtgestell, und nun beginnen Sie mit der bewährten Technik, das angefertigte Pappmaché aufzutragen. Schicht für Schicht und Schritt für Schritt entsteht vor den Augen und Ohren Ihres Publikums eine „Figur" – Ihre Botschaft. Mit diesem „Bild im Kopf" werden Sie einen souveränen Eindruck hinterlassen, denn je konsequenter man sich daran entlang hangelt, um so geringer ist die Absturzgefahr – und die ist immer gegeben, wenn man der Versuchung unterliegt, anderen „etwas klar machen zu wollen" und sich dabei heillos verzettelt. Ein zu hohes psychologisches Einfühlungsvermögen führt zur Verzettelung, führt in heillose Hypothesen und Spekulationen über die Verfasstheit Ihres Auditoriums. Wohin soll das führen? Wie kann man in diesem Psycho-Dschungel einen eigenen Standpunkt gewinnen, ohne den es bei einer Präsentation nicht funktionieren kann? Der schon zwanghaft zu nennende Drang zur Psychologisierung von allem und jedem muss hier Einhalt geboten werden. Ohne simpel strukturierte Aufbau-Techniken funktioniert es nicht, die Sache schreit nach nachvollziehbaren Strukturen und einer einfachen Umsetzung. Entscheidend ist, welche Botschaft beim Publikum hängen bleibt. Denn was geschieht nach einer Präsentation? Man wird die Botschaften der einzelnen Wettbewerber vergleichen und sie mit der eigenen Position abgleichen. So denken Entscheider. Sie werden keinesfalls darüber befinden, wer von den Kontrahenten der bessere Psychologe war. Oft genug sind Sie nicht der Einzige, der um den selben Auftrag „pitcht". Wettbewerbspräsentationen sind inzwischen an der Tagesordnung und neben einem Wochenend-Trip nach Bagdad so ziemlich das Unberechenbarste überhaupt. Ich war oft als Berater Zeuge von Endbesprechungen, als aus den drei, vier oder sogar fünf Kontrahenten der Sieger ermittelt wurde. Es wird in diesen Runden nach überraschend einfachen Kriterien entschieden...

Als Pluspunkte gelten:

- Präsentationsgeschick (anschaulich sachlich bleiben, gute Übergänge)
- Wortwitz, gelungene Metaphern, einprägsame Metaphorik

- Präsentationsphantasie: die Wahl der Präsentationsform lässt Rückschlüsse auf Ihre kreative Lösungskompetenz zu!
- Schlüssige Argumentationsketten
- Jedes Chart besteht aus maximal fünf Zeilen und einer Abbildung
- Nie länger als maximal vier Minuten pro Chart sprechen
- Pointierte Aufbereitung von Beispielen (Fotos, Grafiken, Objekte), keine „example overdose"
- Handlungsanweisungen mit Empfehlungscharakter (keine Dogmen)
- Praxisnahe Argumentation
- Prägnanter Abschluss (Botschaft, „Parole", Konklusion)
- Eigener Wortanteil bei der anschließenden Diskussion: maximal 50 Prozent. Alles andere wird Ihnen als Sieg-Eifer und/oder Rechtfertigung ausgelegt

Was nicht gut ankommt:

- Einleitungsbrimborium (Langatmigkeit)
- Schnell und leise reden, fehlender Augenkontakt
- Vortragsroutine (Ablauforientierung an der Präsentationssoftware)
- Kopflastigkeit („Zwangsakademisierung und -psychologisierung" einfacher Zusammenhänge)
- Perfektionismus, der keine Fragen offen lässt („Er weiß alles, er braucht uns nicht")
- Diffuses Aussage-Wirrwarr (Fehlende Fokus-Agenda)
- Keine oder mangelhafte Umsetzungsmatrix
- Missionieren
- Entscheider gehen ohne eine klare Botschaft in die Entscheidungsfindung

Wenn sich Entscheider treffen, um Präsentationen abschließend zu bewerten, geht es selten darum, wer von den „Interpreten" fachlich am besten abgeschnitten hat. Es geht darum, wer ihnen am unkompliziertesten erscheint, wer ihnen Arbeit abnimmt und wem sie am meisten zumuten können. Entscheider suchen sich Dienstleistungspartner, die ihnen Arbeit abnehmen und keine neue bescheren. Bei den Entscheidungen für oder gegen einen bestimmten Partner geht es viel weniger um fachliche Betrachtungsweisen als um die (egoistischen) Zielvorstellungen des Auftraggebers. Das ist völlig legitim, wird aber von vielen Bewerbern ausgeblendet – zum eigenen Nachteil. Noch immer schwebt die Vorstellung im Raum, man werde (und könne) durch Kompetenz, Argumente und Fachwissen allein überzeugen. Sie sind fraglos das Fundament, doch es gibt andere Faktoren, die über Gewinn und Verlust bei Präsentationen entscheiden. Viel, sehr viel, hängt von der inneren und äußeren Verfassung derjenigen ab, die präsentieren. Hier einige Ratschläge, wie man sich mental auf eine Präsentation gut vorbereiten kann:

- Jede Präsentation sollte einen Tag vorher fünfmal durchgespielt werden
- Führen Sie diese Generalproben einem ausgewählten Publikum vor
- Lassen Sie auch einen Kollegen oder eine Kollegin die Präsentation einmal vortragen
- Nach jedem Durchlauf sollte eine Manöverkritik erfolgen
- Zeichnen Sie Ihre Generalproben auf Video auf
- Eine Stunde vor der Präsentation etwas völlig anderes tun: abschalten!

Nicht jede Präsentation rechtfertigt diesen Aufwand. Doch auch wenn es um „weniger" als einen sechsstelligen Betrag geht, lohnt sich das mehrmalige Einüben des eigenen Auftritts. Sie tun es für Ihre Selbstsicherheit, für Ihr „gutes Gefühl". Jeder Probelauf stärkt das Selbstbewusstsein, Routine schafft Handlungssicherheit. Und nun noch eine Empfehlung für den Super-GAU: Sollten Sie sich während der Präsentation verhaspeln, aus dem Konzept geraten und den Faden verlieren, stehen Sie vor versammelter Mann- und Frauschaft dazu. Sie gewinnen, wenn Sie zeigen, dass auch Sie immerhin (und nicht „nur") ein Mensch sind. Solche Situationen habe ich mehrmals erlebt, und es ist mir selbst schon so passiert. Wer offensiv mit Pannen umgeht und sie geistesgegenwärtig in den Vortrag einbaut, dem verzeiht man schnell. Sprechen

Sie über die Panne, geben Sie sie zu (was offensichtlich ist, ist auch nicht zu übertünchen) und versuchen Sie so rasch wie möglich wieder Tritt zu fassen. Der beste Weg, Fehler glattzubügeln ist, sie zuzugeben! Sollten Sie am Ende den Auftrag nicht bekommen, war diese Panne sicher nicht dafür verantwortlich. Pannen sind menschlich, jedem passiert so etwas und jeder kennt es aus eigener Erfahrung. Wie die Briten sagen: „Take it in your stride!" Wenn Ihnen dann noch ein salopper Spruch über die Lippen kommt, verbucht man den Fehler garantiert als Sympathiepunkt auf Ihrem Präsentationskonto. Noch ein Hinweis für den Presenter: Legen Sie stets ein Ablaufdiagramm Ihres Vortrags vor sich auf den Tisch. Sollte es holprig werden, kehren Sie kurz zum vorhergehenden Punkt zurück. Eine Art „rewinding", die dafür sorgt, dass sich die Situation rasch wieder beruhigt. Das Programm der Präsentation liegt natürlich allen Teilnehmern vor. Sie teilen es vor Beginn aus.

Mnemo?

Zum Abschluss des Präsentationsthemas empfehle ich allen, die heute oder zukünftig präsentieren, sich mit der altgriechischen „Mnemo-Technik" zu beschäftigen. Der Begriff „mnemo" stand im alten Griechenland für „merken". Die in der Antike erfundene „Gedächtniskunst" zählt zu den faszinierenden Kulturleistungen dieses Zeitalters. Vor 2500 Jahren schulten sich Redner in dieser Fertigkeit. Der Erfolg einer Rede hing damals wie heute wesentlich davon ab, die Reihenfolge der Themen sowie ihre Ausstattung mit bildlichen Details, frei und flüssig vorzutragen. Es betrifft somit auch das „Naturtalent" eines guten Presenters. Die Mnemo-Technik ist ein schönes Beispiel dafür, wie man sich durch Aneignung simpler Techniken ein bildhaftes Gedächtnis antrainieren kann. (Literaturhinweise hierzu finden Sie unter Empfehlungen am Ende des Buches)

Gedankenharem

Perfektion

Unsere Eigenschaften müssen wir kultivieren, nicht unsere Eigenheiten.

Johann Wolfgang von Goethe, 1749-1832

Wenn keiner mehr so richtig Bescheid weiß, wie man läuft, bieten sich Gehhilfen an. Diese Gehhilfen warten reihenweise in den Regalen der Buchhandlungen oder in klimatisierten Seminarräumen. Es stürzt sich die von Selbstzweifeln geplagte Seele auf die neuesten Angebote, probt sie durch, verwirft sie, findet was und vergleicht sich schließlich mit: wem eigentlich? Vergleiche bringen nichts.

‚Bin ich zu unperfekt, um selbständig zu sein?' Frage: Was hat Selbständigkeit mit Perfektion zu tun? Weniger als man denkt. Die Frage der Perfektion stellt sich so absolut nur bei Mumifizierungen. Hier muss alles stimmen, damit es nicht stinkt. Für alle, die noch leben, gilt: lebendig sein. Selbständige müssen sich rühren, dürfen nicht in Konventionen erstarren. Perfektion ist eine Konvention – mehr nicht. Sie wird immer wieder neu definiert. Perfekt sein bedeutet heute, überzeugen können. Wer andere führt, begeistert und mitreißt, dem ist etwas Perfektes gelungen. Ob er dabei perfekt war, bleibt zweitrangig. Perfektion als notwendige Fiktion. Das Gegenteil von Perfektion: Intuition. Nicht Schlampigkeit.

Positionierung

Ich habe eiserne Prinzipien. Wenn sie Ihnen nicht gefallen, habe ich auch noch andere.

Groucho Marx, 1890-1977, US-amerikanischer Schauspieler

Meine Definition für Positionierung lautet: *Positionierungen sind Orte, von wo aus wir andere überraschen.* Das war's. Also suchen Sie sich Ihren (glaubhaften) Standpunkt dafür aus. Warum „glaubhaft"? Ich sag' es mal überspitzt: Inhalte sollten zu den Menschen passen, die sie in die Welt setzen. Wir sind erkennbar die, der, das oder unverkennbar niemand. Positionierungen sind keine Prinzipien und Behauptungen keine Positionierungen: „Wir sind", „Ich bin", „Wir wollen" oder „Ich habe". Vergessen Sie's. Ich lese seit zwanzig Jahren Buchrücken mit dem Aufdruck: „Wie man sich richtig positioniert". Das klingt wie: „Wie man richtig überwintert." In einer Position verharrt man nur bis zum Startschuss. Dann muss man sich bewegen. Richtung Ziel.

Sanierungsgebiet „Ich"
Selbstzweifel bitte ins Recycling!

Das Schlimme an Selbstzweifeln ist, dass sie einen schlechten Ruf haben. Warum nur gehen wir mit natürlichen Gefühlslagen so künstlich um? Wahrscheinlich, weil sie Unbehagen produzieren und darüber hinaus auf eine lange Tradition der Verteufelung blicken. Dabei helfen uns Selbstzweifel weiter. Sie sind kein Urteil letzter Instanz, sondern der Beginn einer Urteilsfindung. Sie sind ein inneres Zwiegespräch; ich nenne es auch gerne das „Innere Verkaufsgespräch". Wir klären in dieser Situation mit uns selbst etwas ab. Dieses Zwiegespräch nicht zuzulassen, hieße, einen Short-cut zurück zum Ausgangspunkt zu nehmen. Dann kann man auch gleich stillstehen. Bleiben wir einen Augenblick bei diesem inneren Klärungsprozess. Jeder Selbständige fragt sich, ob der Kurs, den er geschäftlich eingeschlagen hat, zum Erfolg führen wird. Ich behaupte, eine Ahnung davon, auf welchem Weg man Erfolg haben wird, hat jeder. Da spricht Substanz zu uns und sie nährt sich aus unserem Können und einer zunächst vagen Überzeugung, in einem offenen Markt Treffer zu landen. Und die meisten von uns hatten schon Erfolgserlebnisse. Ein Existenzgründer, der gerade die Bühne betritt, steuert darauf zu. Doch auch er wird sich ja etwas dabei gedacht haben, sich selbständig zu machen. Und es ist diese Grundüberzeugung, an der Sie festhalten sollten. Es gibt Gewissheiten, die einem niemand nehmen kann. Und es gibt gute Ratschläge, die einem auf dem Weg weiterhelfen. Ich gebe hier den Rat, sich nicht mit Managementliteratur zu überfrachten und sie bei der Lektüre einer kritischen Betrachtung zu unterziehen. Sich inspirieren lassen, ja. Sich einer vermeintlich todsicher erfolgreichen Methode blindlings anzuvertrauen, nein. Es gibt da nämlich eine Person, die in keinem Ratgeber der Welt exakt erfasst werden kann, und das sind Sie. Ihre Persönlichkeit, Ihr Standpunkt und Standort in der Welt des Neugeschäfts muss für Dritte stets wahrnehmbar und unterscheidbar bleiben. Und so ist es nicht verwunderlich, dass sich Ihre Selbstzweifel in dem Maße reduzieren, wie die Anzahl Ihrer Erfolgserlebnisse steigt. Sie steigt nicht etwa, weil Sie ein besonders schlaues Buch gelesen haben, sondern sich der Mühe des inneren Abgleichs unterzogen haben. Eine schonungslose Selbstanalyse gehört zum Geschäft. Was passt zu mir oder unserem Unternehmen? Wie sieht unser spezifischer Weg aus, und wie kann er nicht aussehen? Sie werden feststellen, dass niemand Ihnen verlässlich sagen kann, wie und wann der Erfolg kommt. Es ist Ihre Aufgabe als Unternehmer, Freelancer oder Entscheider ein Gefühl für „geht" und „geht nicht" zu entwickeln. Recyceln Sie Ihre Zweifel zu Gewissheiten. Schließen Sie mutig Dinge für sich aus und konzentrieren Sie sich auf jene Gebiete, die Ihnen festen Boden unter den Füßen bieten. Ich sprach im ersten Teil des Buches davon, beim Aufträgeangeln dort zu beginnen, wo Ihre Selbstsicherheit am größten ist. Das ist Ihre Basis und gleichzeitig eine Schutzfunktion gegen allzu rasch eintretende Enttäuschungen. Handeln Sie besser nicht nach dem Motto ‚Das kann ich, also strebe ich nach Höherem'. Gerade das, was Sie schon können, bringt Ihnen am Anfang die meisten Erfolgserlebnisse. Von dort aus geht es gutgelaunt weiter, meinetwegen auch zu „Höherem". Der umgekehrte Weg ist steiniger, frustiger und führt direkt an Ihrem Bankkonto vorbei. Jeder kleine Erfolg ist ein großer Baustein für einen größeren Gewinn. Natürlich sollte man Wachstumschancen wahrnehmen, doch immer mit dem Gefühl festen Boden unter den Füßen zu haben. „Freak-growth", wie Briten und Amerikaner das nennen, freut zwar die Bank, bindet jedoch früher oder später Ressourcen für die Restrukturierung und kostet dann richtig Geld. Aber das wäre ein Thema für ein neues Buch...

Noch ein paar Worte zur Motivation: Dass wir dem Positiven den Vorrang geben sollten, bedarf der Erwähnung (fast) nicht mehr. Dass aber „das Negative" als Gegenteil des Positiven gehandelt wird, stimmt so nicht. Das Gegenteil von positivem Denken ist Defätismus. Während man dem Negativen auf den Grund gehen kann, handelt es sich beim Defätismus um eine substanzielle Erosion, der sehr schlecht beizukommen ist. Anders gesagt, und auf unser Thema bezogen, bedeutet das: Erfolg ist das positive Resultat richtiger Entscheidungen, Misserfolg das Ergebnis von falschen. Defätistische Gedankenwelten führen zum Scheitern insgesamt. Wer das Zusammenspiel dieser Bewusstseinsebenen im täglichen Blitzlichtgewitter kleiner und großer Entscheidungen begreift, wird sich nach gründlichen Erwägungen sehnen und sich nach negativen Erlebnissen immer wieder aufraffen. Vergessen Sie die allseits feilgebotenen und medial zelebrierten „Erfolgs-Storys". Misstrauen Sie Ihrem inneren Paparazzi, der gern zu früh nach Glimmer hascht. Ziehen Sie aus den echten oder vermeintlichen Erfolgen anderer keine Rückschlüsse auf Ihr eigenes Tun und Lassen. Vergleiche bringen Sie nicht weiter, ich erwähnte es schon an anderer Stelle. Die Konzentration auf den eigenen Weg bringt den Erfolg, und vor allem: Zufriedenheit mit dem Erreichten. Ihre Ambitionen bleiben Ihr Geheimnis. Sie bedürfen ohnehin des Gewichts von bereits erbrachten Leistungen.

Ora et labora – Vom mönchischen Leben

Der große Generator für Ihr Selbstvertrauen ist Konzentration. Sich auf eine Sache zu konzentrieren bedeutet, andere Dinge (vorerst) an die Peripherie des Denkens zu verweisen. Das heißt nicht, sie aus den Augen zu verlieren. Was unter dem Brennglas konzentrierten Vorgehens ausgearbeitet wird, zündet am schnellsten. Darum geht es. Neugeschäftsarbeit ist pure Konzentrationsleistung. Sie werden bald merken, dass die kontinuierliche Auseinandersetzung mit Ihrem Neugeschäftsprojekt Ihre Selbstzweifel zum Abschmelzen bringt und neue Kräfte freisetzt. Konzentrische Bewegungen erzeugen sehr wohl auch

Endorphine. Sicher, man kann diese Konzentration nicht über Wochen oder Monate aufrechterhalten; muss man auch nicht. Doch der zuvor festgelegte Zeitraum, in dem Sie sich hauptsächlich mit einem (auch zwei oder drei) Neugeschäftsprojekten beschäftigen, wird Ihnen Erleichterung an der Zweifelsfront verschaffen. Sie füttern den Denkapparat mit Informationen und Reflektionen, mit Bildern und Szenarien. Schließlich werden Sie nach zwei Wochen in der Lage sein, den möglichen (und von Ihnen exakt so angestrebten) Ablauf dieses Projekts wie einen Film vor Ihrem inneren Auge abzuspulen. In diese Situation kommen Sie nur mit Hilfe absoluter Konzentration. Wichtig dabei: Schreiben Sie Ihren Erstbrief am Ende der Konzentrationsphase, nie zu Beginn. Der Grund liegt auf der Hand: Am Ende der Konzentrationsphase wird Ihr Erstbrief viel kräftiger und zielstrebiger klingen. Man merkt dem Brief an, dass sich der Verfasser mit der Materie eingehend beschäftigt haben muss. Nicht die Länge des Briefes ist dabei entscheidend, sondern seine konzentrierte Aussagekraft. Sie können es in einem Vorher-Nachher-Briefentwurf ja mal testen. Das ist auch der Grund, warum ich dazu rate, bei wichtigen Projekten nie Standardbriefe zu verwenden. Ja, es macht Arbeit, an fünf verschiedene Unternehmen und Entscheider fünf verschiedene Anschreiben zu verfassen. Aber es ist Teil der Investition in Ihre Selbstsicherheit und in den Erfolg beim Neugeschäft.

Knutschflecken
Oder: Wir lieben, was wir tun!

Bereits das Wort, besser gesagt „Bild", führt uns zurück auf den mit Clearasil-Pads übersäten Schulhof. Der erste Knutschfleck! Wann war das noch mal schnell? Wir kommen ins Grübeln, und plötzlich tauchen die ersten Gesichter der einst Angeschmachteten wieder auf.

Wir waren unvoreingenommen, wagemutig, gingen auf die Dinge los, die wir liebten und für uns alleine haben wollten. Man zeigte es dem oder der anderen ganz impulsiv, vergaß die optischen Konsequenzen, und: ob der andere es mochte oder nicht, tat dabei wenig zur Sache. War man erst mal am Saugen, war es sowieso zu spät, der Knutschfleck verpasst. Generationen von Teenagern standen (und stehen?) weltweit mit Mini-Blutergüssen vor ihren Spiegeln, und ihnen war in diesem Augenblick klar, dass sie für die nächsten Tage „gebrandet" waren: „love branding" könnte man das nennen. Die Engländer nennen den Knutschfleck „lovemark", also „Liebeszeichen". Eine tolle „Verwortung" für diese Art Bluterguss, oder? Und die Geschichte ist noch nicht zu Ende. Manche von uns trugen ihn mit heimlichem Stolz, anderen war das Ding total peinlich. Ein Knutschfleck musste auch vor wahnsinnig vielen Menschen versteckt werden: vor den Eltern natürlich, den Freunden (erinnern Sie sich bitte an die Kommentare ihrer männlichen Gefolgschaft!), dann vor Lehrern (die waren schlicht neidisch!). Schlimm war es, wenn die oder der „Ex" die „lovemarks" des oder der „Neuen" entdeckte. Es folgten Höllenqualen, gemischt mit jenem stillen Triumphgefühl, das man so liebt, wenn andere merken, dass man begehrt wird. So, das reicht jetzt. Weiter muss ich unser aller „Frühstadium des Brandings" nicht auswalzen, denn jeder kennt es. Was ich mit dieser kleinen Retrospektive bezwecken will, dürfte klar sein: Knutschflecken sind ein Zeichen absoluter Hingabe für das, was wir tun. Sie sind viel weniger ein Liebesbeweis für andere als einer für uns selbst. Wir beweisen in erster Linie uns selbst etwas damit, und diese Hingabe ist im heutigen Neugeschäfts-Szenario leider selten geworden. Nicht die Liebe zum Kunden, sondern die zur Sache macht uns beim Aufträgeangeln unwiderstehlich – Fische merken das! Ich will Ihnen ein typisches Lovemark-Erlebnis aus meinem Neugeschäftsalltag erzählen - eins ohne Happy End übrigens.

Knutschfleck mit blauem Auge...

Als Ende der neunziger Jahre im Berliner Westen ein Designerkaufhaus eröffnete, für das eine renommierte Werbeagentur die komplette werbliche „Verpackung" besorgt hatte, war dies ein einschneidendes

Ereignis für diesen Einzelhandelsbezirk der Stadt. Gerade was „Design-welten" anging, hatte sich der Osten, und hier besonders Berlin-Mitte, all die Jahre zuvor clever gebrandet. Es war fast verpönt, im Westteil nach schicken Sachen zu suchen. Unter diesen Vorzeichen also eröffne-te das exklusive Designerkaufhaus und es hatte hohe Ansprüche im Ge-päck. Mir fielen bald die tollen City-Light-Plakate ins Auge, beleuch-tete Plakatvitrinen an Bushaltestellen und anderen hoch frequentierten Orten. Teuer in der Anmietung, aber auch sehr effektiv, wenn man einer neuen Marke in kürzester Zeit einen nennenswerten Bekannt-heitsgrad verschaffen möchte. Natürlich zogen die Werber noch andere Register: Vierfarbanzeigen in Tageszeitungen und Magazinen, Plakate, aber auch Broschüren und eine schon für damalige Verhältnisse gelun-gene Internetpräsenz. Doch so richtig kam die Sache nicht in Fahrt mit diesem exklusiven Kaufhaus. Berlin ist ein heißes Pflaster, wenn es darum geht, für anspruchsvolle Einzelhandels-Konzepte auf Anhieb genügend Resonanz und vor allem Akzeptanz zu finden. „Der Berliner an sich" ist nun mal (man verzeihe mir diesen kleinen Stil-Rassismus) eine eher „egalitäre Type", wenn es um exklusive Stilwelten oder elitär anmutende Institutionen geht. Rasch geht das Wort vom „Schickimi-cki" als Vorwurf um, das man in Hamburg oder Düsseldorf wiederum achselzuckend von sich abbürstet. Aber in Berlin muss man um die Zuneigung der Kundschaft in diesen Segmenten richtig kämpfen, von der PR-Abwehr missgünstiger Stimmen einmal ganz zu schweigen. Das war den Machern des neuen Berliner Designerkaufhauses möglicher-weise nicht so ganz klar, als sie das Projekt planten. Hinzu kam, dass der werbliche Claim, den sich die betreuende Agentur ausgedacht hat-te, genau diesen wunden Punkt bei den Berlinern traf: Er war aufrei-zend und herausfordernd, für Berliner Verhältnisse sogar „provokativ", wie ich schon früh empfand. Er war gut, dieser Spruch, aber nicht für den Berliner Markt. Um es abzukürzen: Das Designerkaufhaus hatte offenbar ein Akzeptanzproblem.

Etwa achtzehn Monate nach Eröffnung kursierten erste Gerüch-te über die Unzufriedenheit der Investoren mit der damaligen Berliner

Geschäftleitung. Ob es stimmte, oder nicht: Man ist, was das betrifft, auf dem Laufenden. Das sollten Sie als Aufträgeangler übrigens auch sein. Es gehörte zu dieser Zeit auch zu meinem Job, in den Gerüchteküchen der Branche und anderen Klatsch-Boudoirs, fürs Aufträgeangeln relevante Informationen einzusammeln. So ist das halt beim Angeln: Schon ein kleiner Hinweis genügt, und man weiß, wo der nächste Köder gelegt werden sollte. Es half mir natürlich, dass ich das Haus aus eigener Anschauung kannte und von nun an weitete ich meine Beobachterausflüge dorthin merklich aus. Ich sah mir jedes Geschäft an, sprach ganz unverbindlich mit Inhabern und Verkäufern der einzelnen Läden, ging vor allem immer zu verschiedenen Zeiten und Wochentagen dort ein und aus und langsam vervollständigte sich mein Bild. Parallel dazu besuchte ich die Homepage des Designerkaufhauses mehrmals täglich, um die Aktualität der dortigen Informationen zu checken. Das Haus war inzwischen auch als Veranstaltungsort im Gespräch, groß genug war und ist es ja. Ein riesiges Foyer, Tagungs- und Präsentationsräume und ein gemütlicher Dachgarten mit gutem Ausblick über die Hauptstadt stehen für alle möglichen Aktivitäten zur Verfügung. Die Recherchearbeit vor Ort war bald abgeschlossen, ein entsprechendes Dossier von mir angefertigt. Es beinhaltete meine präzisen Beobachtungen und die sich daraus ergebenden Analysen und Schlussfolgerungen. In der Agentur, für die ich zu jener Zeit tätig war, wussten nur die Geschäftsführer vom bevorstehenden Akquise-Coup, sonst kein Mensch. Auch hier beachtete ich penibel das Verschwiegenheitsgebot. Am Tag X riefen wir alle Führungsleute der Agentur an einen Tisch und ließen die Katze aus dem Sack. Natürlich staunten die meisten nicht schlecht, immerhin sah unser jüngstes Neugeschäftsprojekt vor, eine der bekanntesten und erfolgreichsten Werbeagenturen aus dem Sattel zu werfen und uns stattdessen aufs Ross zu schwingen. Doch waren alle hoch motiviert, wir wussten: Unsere Stärken- / Schwächen-Analysen trafen auf den Punkt genau das Dilemma. Alle stimmten darin überein, dass man die Sache besser machen kann – ein wichtiges Gemeinschaftserlebnis übrigens, das den bevorstehenden Aufgaben im Neugeschäft den richtigen Schwung verleiht.

Jetzt warteten alle auf einen raffinierten Plan oder mindestens doch auf den berühmten „Erstkontaktbrief", den ich an die Hauptgeschäftsführung des Designerkaufhauses schreiben würde. Zur Überraschung aller lehnte ich es ab, bereits zu diesem Zeitpunkt das Visier zu öffnen. Ich hatte andere Pläne. Ich besprach den nächsten Schritt mit einem Kollegen, der an der Umsetzung unmittelbar beteiligt sein sollte. Er postierte sich an einem geschäftigen Samstag als Interviewer vor den Haupteingang des Gebäudes, flankiert von einem Kameramann, der die Interviews akribisch filmte. Ich hatte bereits einen detaillierten Fragenkatalog entworfen und die Befragungsorte festgelegt. Wir interviewten nicht nur Besucher und Kunden des Designerkaufhauses, sondern spazierten auch in der Umgebung herum und befragten dort Passanten. Es ging im Kern darum, den Bekanntheitsgrad des Centers an einem typischen Shopping-Samstag zu ermitteln. Außerdem fragten wir Passanten, welches Image das neue Haus bei ihnen besitze und ob sie dort gerne verkehren und einkaufen würden. Es schlossen sich je nach Interviewpartner Folgefragen an, die weiter Aufschluss darüber gaben, ob das Designerkaufhaus als gelungene Erweiterung des gehobenen Einkaufsangebots in der westlichen City betrachtet werden könne. Um es gleich vorweg zu nehmen: Es war nie die Absicht dieser Befragung, ein „repräsentatives Ergebnis" zu ermitteln. Sie war von Anfang an als „prägendes Stimmungsbild" gedacht, als Momentaufnahme – und: als Neugeschäfts-Tool. Das Resultat der Interviewbefragung war weniger für das Haus selbst als für die Investoren gedacht. Ich wusste nicht, wie hoch das Werbebudget für die Eröffnungskampagne und andere Werbeaktivitäten bis dahin wirklich war. Doch beim Resultat stimmten viele überein: Der Elefant hatte (zumindest in Berlin) eine piepsende Maus geboren.

Das aus den einzelnen Interviews produzierte „Neustart-Video", wie ich es dann nannte, schlug bei den Investoren wie eine Bombe ein. Damit hatte ich, offen gesagt, auch gerechnet. Mein Begleitbrief und die schriftliche Auswertung der Befragungsergebnisse taten ein Übriges. Wir hatten das bislang gültige Bild, das die Agentur und Teile der Berliner Geschäftsleitung von der Entwicklung des Berlinablegers zeichneten, durch ein neues, sehr aktuelles ersetzt. Offensichtlich maß man der Aussagekraft des Videos sowie meinen Analysen dazu größere Bedeutung bei. Es war gerade so, als hätten wir eine Sichtblende entfernt. Offenbar war man in der Zentrale mit den Analysen zum schleppenden Auftakt des Berliner Hauses noch lange nicht so weit wie wir. Mit einem Schlag, völlig unerwartet und aus heiterem Himmel, lag ein Dossier auf dem Tisch des Hauses. Anschaulich unterstützt durch ein Video, das authentische Stimmen von Kunden, Besuchern und Passanten wiedergab und als Effekt dort eine besorgte Stimmung erzeugte. Die Berliner hatten sich zu erklären, wie wir bald erfuhren. Ich füge an dieser Stelle lieber rasch hinzu, dass wir zu keinem Zeitpunkt und an keiner Stelle irgendeine Person für irgendetwas namentlich verantwortlich machten. „Anschwärzen" war nicht unser Weg. Wir redeten von Chancen und konkreten Möglichkeiten, es besser zu machen, und untermauerten dies auch mit Beispielen. In meinem gesamten Schriftstück fiel kein unbegründet negativer Satz. Es waren Fakten, auf die ich mich stützte, nicht mehr – aber auch nicht weniger.

Nach wenigen Wochen wurden wir zur Präsentation unserer Vorschläge eingeladen. Wir wussten, dass die bisherige Agentur ebenfalls neu präsentieren würde oder es sogar schon getan hatte. Unser Auftritt war erfolgreich, aber nicht von Erfolg gekrönt. Warum das so war, haben wir nie wirklich in Erfahrung bringen können. Natürlich gab es eine offizielle Begründung, aber sie war so lau, dass sie mir allen Ernstes noch nicht einmal in einer Gedächtnis-Rückrufaktion wieder einfällt. Sicher ist im Rückblick nur dies:

Das Management hatte sich aus unserer Sicht natürlich falsch entschieden. Damit, so sehe ich das heute, ließ man alle Flanken weiter offen: Das Berliner Haus wurde „umgekrempelt", die Agentur blieb an Bord. Unsere Präsentation war dennoch erstklassig, aber hier hatten offensichtlich alte Bindungen den Sieg davongetragen, die man mit Präsentationen nicht auflösen kann. Das passiert jeden Tag tausendmal, und es ist auch gar nicht der Punkt. „Niederlagen" im Neugeschäft, Fische, die man schon sicher in der Reuse glaubte, springen wieder raus ins Wasser. Und hier wird man sich eine sehr einfache Gemütsverfassung antrainieren müssen: es hinzunehmen. Das ist der Zeitpunkt, wo Gleichgültigkeit ihre absolute Existenzberechtigung hat.

Ich habe dieses ambivalente Beispiel aus einem besonderen Grund in dieses Buch gepackt. Es fing alles mit dem „Knutschfleck" an. Ich habe jede Sekunde meiner Arbeit an diesem Neugeschäftsprojekt geliebt, jede! Schon während der „Dreharbeiten" dazu kam es mir wie ein Krimi vor, eine Spannung lag in allem, was ich tat. Noch spannender wurde es, als ich die anderen einweihte und ihnen dasselbe „Knutschfleck-Gefühl" vermitteln konnte. Es war eine Liebesgeschichte zwischen mir und diesem Designerkaufhaus, von dem ich einfach wusste, dass es damals in den falschen Spurrillen lief. Ich begriff es als eine echte Chance, der Geschäftsführung und den Investoren die Augen zu öffnen. Es war auch eine wichtige Erfahrung festzustellen, dass eine aus Leidenschaft am „Jagen" motivierte Neugeschäftsstrategie am Ende sehr sachliche und umsetzbare Ergebnisse brachte. Man könnte aufgrund meiner Schilderung auf den Gedanken kommen, dass ich mich möglicherweise emotional zu sehr involviert hatte und genau dies letztlich zum Misserfolg der ganzen Operation beigetragen haben könnte. Doch so war es nicht. Ich habe gelernt, dass Leidenschaft Selbstbewusstsein generiert, das sich auch von einem Rückschlag wie diesem nicht wieder verzwergen lässt. Selbstbewusstsein und Zuversicht im Neugeschäft werden nicht nur am positiven Resultat geschärft, sondern sie entwickeln sich in jeder Vorbereitungsphase aufs Neue – wie immer die Sache dann ausgeht. Bei all dem darf man nicht außer Acht lassen, dass sich eine Newcomer-Agentur aus dem Nichts bis in die Vorstandsetage heran gekämpft hatte und dort den Platzhirschen Paroli bot. Wenn es auch nicht ganz reichte – für unser Selbstvertrauen war es eine sehr gute Übung. Am Ende der Geschichte noch ein Pferdefuß: Als ich etwa zwei Jahre später in einem U-Bahnhof stand und auf den Zug wartete, fielen meine Blicke auf ein Großflächenplakat an der gefliesten Wand. Ich erkannte Name und Schriftzug des werbenden Unternehmens sofort und ich bemerkte auch anhand des Motivs, dass sie es jetzt begriffen hatten, wie brauchbar unsere Vorschläge damals waren. Honi soit qui mal y pense...

Diese Geschichte spiegelt nicht die gesamte Neugeschäftsrealität wieder. Aber sie ist zweifellos ein Ausschnitt der Wirklichkeit. Sie ist außerdem nicht nur auf Werbeagenturen applizierbar, sondern auf alle Unternehmen der „Smart Economy". Ich möchte damit deutlich machen, dass man im Zuge einer Neugeschäftsstrategie zur Guerillataktik greifen kann, um ans Ziel zu gelangen. Kopfbilder: Wenn mein Taxi kurz vorm Flughafen in einen festen Stau gerät, bleibe ich nicht drin sitzen und sehe zu, wie mein Flieger abhebt. Ich steige aus und gehe den Rest des Wegs zu Fuß. Wenn ich beobachte, dass sich an der Auftragstür eines Unternehmens eine Schlange von Bewerbern bildet, stelle ich mich nicht hinten an und warte, bis mir der Nummernzettel zugeteilt wird. Ich gehe stattdessen ums Haus und halte nach einem freien Zugang Ausschau. Wenn wir im Neugeschäft allzu bereitwillig die bestehenden Realitäten akzeptieren, kommen wir nicht weiter. Neugeschäftsstrategien sind dazu da, neue Realitäten zu schaffen. Wer den Anspruch stellt, kreativ zu sein, muss dies bereits in der Akquise unter Beweis stellen, nicht erst dann, wenn man darum gebeten wird. Ich glaube von Thomas Mann stammt der Ausspruch, dass, wenn deutsche Revoluzzer einen Bahnhof erstürmen wollen, sie sich vorher noch eine Bahnsteigkarte kaufen würden. Auf uns bezogen heißt das: Wer einen Auftrag haben will, ist nicht in jedem Fall dazu gezwungen, sich von der Sekretärin des Entscheiders einen Termin dafür geben zu lassen. Diesen Termin gibt man sich ab und an auch mal selbst.

Kurz vor dem Gewitter fliegen die Mücken tief

Ein Phänomen, das nicht nur Angler kennen: Kurz vor einem Gewitter nähern sich Tausende von Insekten der Wasseroberfläche. Den Fischen fliegt die Nahrung fast von selbst in den Schlund: schnapp! Schon ist der Appetit gestillt. Diese Stunde nutzt natürlich auch der Angler, da die Fische die echten Insekten von den Ködern nicht mehr unterscheiden können. Es gibt also besonders gute Zeiten fürs Angeln; unpassende gibt es im Grunde genommen gar nicht.

Welche Zeiten die besten fürs Aufträgeangeln sind, findet man mit der Zeit selbst heraus. Es gibt aber auch Augenblicke, wo sich der Instinkt plötzlich regt und uns signalisiert, jetzt aktiv zu werden. Das ist die eigentliche Grundlage für wirtschaftlichen Erfolg: ein feines Gespür für entscheidende Situationen und die Geistesgegenwart, im richtigen Moment zuzupacken. Einige Auftragschancen begegnen uns in unmittelbarer Nähe; ganz unabhängig von der gerade herrschenden Wirtschaftslage. Unser bekanntes Umfeld führt uns in Situationen, wo sich Gelegenheiten „ergeben", wo Empfehlungen Dritter Früchte tragen können. Wenn eine solche Situation eintritt, können wir ruhigen Gewissens ein Angebot machen. Wir bieten im Gespräch etwas an. Man fragt uns dann Dinge, wie zum Beispiel, was wir denn so machen, ob wir „so was schon mal für andere gemacht haben" und so weiter. Das meine ich mit – „die Dinge ergeben sich". Jeder hat so eine Situation schon mal erlebt und was daraus gemacht. Vieles ist wahrscheinlich auch daneben gegangen, na und! Wir wissen aus einem Gefühl heraus, wo wir beim Aufträgeangeln ansetzen sollten, und wir sind gut beraten, auf unsere Instinkte zu achten und ihnen zu folgen. Angler sind bekannt für ihren Instinkt. Sie sehen eine Stelle am Fluss und wissen: Hier könnten sie beißen. Was nützt ihm da ein Fachbuch über Gewässerkunde? Alle Theorie bleibt trübes Wasser, wenn sie nicht in die farbige Welt unserer findigen Intuition getaucht wird. Diese Sätze richte ich in erster Linie an die vielen kreativen Freelancer, die gerade dabei sind, ihr Geschäft aufzubauen.

Kunden und Aufträge gewinnt man nicht durch Streifzüge ins akademische Fach. Man zieht sie gewissermaßen an, wenn Umtriebigkeit und Einfallsreichtum unsere Gedankenwelt bestimmen. Es geht letztlich darum, mehr Selbstsicherheit im täglichen Umgang mit dem Thema zu erlangen. Souveränität erhöht unsere Handlungsqualität zwar „nur" subjektiv, doch jedes Handeln ist subjektiv. In dem Moment, wo wir dazu übergehen, unser Handeln zu akademisieren und zu reflektieren, entfernen wir uns von unseren Instinkten und ersetzen sie durch Formalismen. Das bringt keinen weiter. Angler sind „Pragmaten", eine eigene Spezies neben Primaten und Optimaten – vielleicht ein Mix daraus? Jetzt werde ich unwissenschaftlich. Und wissen Sie was? Das sollte man auch, wenn man andere Menschen davon überzeugen möchte, uns einen Auftrag anzuvertrauen. Vergessen Sie nie: Hinter jedem Auftrag steht vor allem die Zuversicht und das Vertrauen des Auftraggebers, die Sache in die richtigen Hände zu geben. Und die richtigen Hände sind nicht immer die feingliedrigen, sondern die, die zupacken können.

Wir brauchen funktionierende Antennen im Geschäftsleben, gesunde Reflexe und eine Form des Aufeinanderzugehens, die sich einer überkandidelten Theorie-Monstranz schon sehr früh entledigt hat. Unser Handeln gründet sich einerseits auf Erfahrungen, andererseits auf Erlerntes. Augen, Ohren und Verstand – Bücher, Wissen und „Gewand". Ein schöner Reim ist mir da gelungen (ähemm), und ich will auch sofort das „Gewand" erklären: Wir legen uns beim Aufträgeangeln eine zweite Haut zu; wir „gewanden" uns in eine spezifische Stimmung – denn es ist Jagdzeit. Wir begegnen unseren potenziellen Auftraggebern in diesem Gewand. Der erste Eindruck ist nun mal der unseres „Gewands". Unser Äußeres ist mehr als „nur" sauber geschnittene Fingernägel, ein gut sitzender Anzug oder ein schickes Kostüm. Unsere Erscheinung geht immer auch mit einer besonderen Ausstrahlung einher: Wir haben was zu bieten und wollen gleichzeitig etwas. Und wir wollen es, nicht um des Wollens willen, sondern weil wir davon überzeugt sind, dem Auftraggeber etwas zurückzugeben – seinen seinen Anteil am Gewinn. Wir sind uns dabei unserer Qualitäten bewusst. So strahlen wir Überzeugungskraft aus und schaffen bei unserem Gegenüber Vertrauen. Gerade für Dienstleister gilt: Man „kauft" auch den Menschen, den man beauftragt, gleich mit ein. Denn Dienstleistungen sind im höchsten Grade auch Menschen-Leistungen. Kann ich mit einem Menschen nicht, will ich auch seine Dienstleistung nicht haben. So ist das.

Sobald wir uns auf dem rutschigen Parkett der „Akquise" einigermaßen selbstsicher bewegen, und sich ein oder zwei Erfolge dabei einstellen, sehen wir den Weg deutlicher und erkennen, dass das Aufträgeangeln sich aus drei Quellen speist: Intuition, Erfahrung und Wissen. Wir versuchen diese Quellen in ein Flussbett zu lenken. Trotz (oder wegen?) unseres Wissens merken wir, dass zu viel Theorie den Impulsen schadet, zu wenig Erfahrung lässt uns dilettieren und wenn uns die Intuition im Stich lässt, verirren wir uns im Faktengebüsch. Mit diesem Buch hatte ich mir vorgenommen, Erlebtes als Erfahrungswerte zu vermitteln. Ausserdem wollte ich in der knappest möglichen Form mein Wissen weitergeben, mit welchen Instrumenten, Ideen und Techniken moderne Dienstleister an Aufträge kommen. Das Wichtigste aber ist, zu erkennen, was in jedem Einzelnen von uns noch verborgen liegt.

Ich sprach von Erfolgen und Misserfolgen. Aus Schaden wird man klug, aus Erfolgen noch klüger. Wer also ein gutes Ratgeberbuch liest, stärkt ohnehin das, was hoffentlich in jedem Unternehmer täglich rumort: Die Lust zur Initiative. Nach diesen knapp vierundvierzigtausend Wörtern sind Sie dafür gut ausgerüstet.

Beginnen Sie – jetzt!

176

Index

Ich empfehle zum Thema „Mnemotechnik" (Gedächtnistraining) folgende Bücher:

„Warum fällt das Schaf vom Baum?"
Christiane Stenger
Heyne Taschenbuch
ISBN 978-3453685116

„Esels Welt"
Ulrich Voigt
Likanas Verlag
ISBN 978-3935498005

„Im letzten Moment ist es oft zu spät."

Klara-Maria Henke, Malerin, Philosophin, Mutter